Thomas Robrecht

# ORGANISATION

# IST

# KONFLIKT.

## Kompetenzbasiertes Handeln für
## Beratung, Führung und Mediation

Mit einem Vorwort von Erich Barthel
und einem Gastbeitrag von Karl Kreuser

**Bibliografische Information der Deutschen Nationalbibliothek**
Die Deutschen Nationalbibliothek verzeichnet diese Publikation in
der Deutschen Nationalbibliografie; detaillierte bibliografische Daten
sind im Internet über <http://dnb.d-nb.de> aufrufbar.

Thomas Robrecht
**Organisation ist Konflikt.**
Mit einem Vorwort von Erich Barthel und
einem Gastbeitrag von Karl Kreuser

**Erstausgabe 2012**
EWK-Verlag, Kühbach - Unterbernbach
Druck und Gesamtherstellung: Comuto Digital Media, Augsburg
© E.W.K. ...der Unternehmerberater e.K., Alle Rechte vorbehalten

ISBN 978-3-938175-71-2

# Vorworte

## *Vorwort von Erich Barthel*

Organisationen sind Konfliktlösungen. So zumindest die gängige Meinung, geäußert in durchaus einflussreichen Theorien. Ideal der bürokratischen Organisation ist der Stellen- oder Amtsinhaber, der formalen, rational begründeten Regeln folgt. Auswahl, Ausbildung und Ausübung der Aufgabe erfolgen mit dem Ziel, eindeutige, vorhersehbare Lösungen zu produzieren. Die Organisation wird gesehen als Maschine, die möglichst reibungslos zu funktionieren hat. Abweichungen von der Regel werden systematisch vermieden. Besteht dennoch einmal Unklarheiten durch mehr oder minder klar formulierte Erwartungen und Anforderungen, werden diese durch neue Regeln über die Hierarchie gelöst, das heißt der Lösungsmechanismus ist bereits fest in die Organisation integriert.

Dieses Bild der rationalen Organisation entspricht aber nicht unseren Erfahrungswerten. Wo immer wir in Organisationen hinsehen, sehen wir auch Konflikte - Organisationen sind also zumindest nicht konfliktfrei - doch sind sie deswegen schon Konflikt, bauen sie gar auf Konflikten auf?

Die Komplexität sozialer Systeme sorgt stets für eine gewisse Ambiguität, nichts kann wirklich eindeutig, objektiv und unstrittig eindeutig unter allen Bedingungen festgelegt werden. Tatsächlich gibt es hinreichend Grund zu der Annahme, dass allein aus der Unschärfe der Bedingungen bei der Wahl von Handlungen innerhalb einer existierenden Organisation die Voraussetzungen für Konflikte gegeben sind. Das eigene Vorgehen muss immer wieder neu gerechtfertigt werden. Diese geschieht jedoch nicht notwendig in einer zielorientiert vorhersehbaren Form, sondern im Ringen um Meinungen und Ansichten um die richtige Auslegung der bestehenden Regeln. Wir können und müssen davon ausgehen, dass die Akteure dabei nicht nur rational im Sinne des Unternehmenszwecks sondern auch

rational im wohlverstandenen Eigeninteresse handeln. Dieses
Eigeninteresse ist Konfliktquelle und Motivator. Konfliktquellen
gibt es zwischen Individuen auf gleichen und unterschiedlichen
Ebenen, aber auch zwischen Gruppen und Abteilungen. Sie wirken
als Motivator im wohlverstandenen Wettbewerb um die besseren
Ideen. Neben der bereits oben beschriebenen Unmöglichkeit,
Unschärfe gänzlich auszuschalten, kommt jetzt noch ein zweiter
Grund dazu, Konfliktquellen nicht nur zu bekämpfen: legt man die
Quelle trocken, stirbt auch die Motivation.
In freien Märkten, globaler Konkurrenz und wirtschaftlich stürmi-
schen Zeiten entscheidet die Wettbewerbsfähigkeit eines Unternehmens stetig über dessen Erfolg oder Niedergang. Für das erfolgreiche Bestehen im Wettbewerb kommt es für Unternehmen zuneh-
mend darauf an, auf neuartige Situationen angemessen und schnell
zu reagieren. Bestehende Routinen müssen auf ihre Brauchbarkeit
überprüft und Arbeitsabläufe auf neue Anforderungen hin ange-
passt werden. Dabei kann sich ein Unternehmen beim Erhalt und
Ausbau der Wettbewerbsfähigkeit nicht auf den Zufall – aber auch
nicht auf das jederzeit rationale Hervorbringen neuer Regeln für die
Organisation verlassen.
Als eine zentrale Problemstellung des Managements erweist sich die
Suche nach einer Balance zwischen Exploitation und Exploration, d.h.
nach einem oder mehreren Kriterien, die Unternehmen die Entscheidung erleichtern, nicht nur die für effiziente Operationen unabding-
baren Routinen in ihrer Durchführung zu beherrschen, sondern auch
die Kompetenz der Organisation zu gestalten und zu erhalten, die
für das Entdecken neuer  Pfade wichtig ist. Bisherige Erfahrungen
zeigen, dass erfolgreiche Routinen und damit verknüpfte Verhaltens-
muster in der Tendenz dazu führen, die Suche nach neuen Lösungen
zu verringern. Eine ideale, konfliktfreie bürokratische Organisation
würde über die erfolgreiche Entfaltung und Sicherung von Routinen
gleichzeitig verhindern, dass neue Ideen entstehen und sich entfalten
können.

Es entsteht eine klassische Dilemmasituation, die durch die her-
kömmliche Entscheidungslogik in den Organisationen nicht aufge-
löst werden kann. Für den langfristigen Erfolg benötigt eine Organisation Klarheit und Beständigkeit aber auch Diskussionen und
Konflikte bei der Suche nach neuen Lösungen. Die Lösung von
Konflikten über Hierarchien sichert die Effizienz bis zu dem Grad
wie Widersprüche durch Entscheidung aufgehoben werden können.
Für Innovationen und Veränderungen benötigen Organisationen
dagegen Lösungsmechanismen, die Konsens grundsätzlich ermöglichen. Dabei geht es nicht darum, diesen Konsens zu um jeden Preis
zu erreichen. Maßstab ist nicht die rationale sondern die akzeptierte
Lösung. Auflösung von Widersprüchen erfolgt dabei u.a. durch das
Ermöglichen einer Änderung der Perspektive, nicht alleine durch
die Entscheidung für und gegen einen der vorgebrachten Ansätze.
Besondere Bedeutung erlangen dabei sowohl die Entwicklung von
individuellen Kompetenzen, die den Umgang mit Widersprüchen
ermöglichen, wie auch der Gestaltung einer Umgebung, die einen
solchen Umgang erlernen. Eine solche Umgebung wird häufig als
lernende Organisation beschrieben.
In diesem Sinne kann ich mich zunächst dem durchaus provozie-
renden Titel dieses Buchs anschließen, Organisation ist Konflikt,
und ergänzen, dass es nun gilt, diesen auch sinnvoll zu nutzen.

Frankfurt im Dezember 2011.

Prof. Dr. Erich Barthel

## Vorwort des Verfassers

Wenn zwei sich streiten und dabei selbstgesteuert und selbst verantwortet zu Lösungen kommen, dann verfügen sie über *Konfliktkompetenz*. Das sind Bereitschaften und Fähigkeiten zu selbstorganisiertem Denken, Entscheiden und Handeln im Konflikt. Schaffen es die beiden nicht, ihre Konfliktkompetenz zu entfalten, brauchen sie jemanden, der ihnen dabei hilft. Menschen, die über *Mediationskompetenz* verfügen. Das sind Dispositionen, anderen den Zugang zu ihren eigenen Konfliktkompetenzen wieder zu ermöglichen. Meist ist es so, dass dabei ein Anderer zusieht und sich daran stört: Streit und Mediation finden in spezifischen Umwelten statt. Die Möglichkeiten von Konflikt, Mediation und Lösung sind vom Kontext abhängig, in dem sie stattfinden.

Nachdem wir *Konfliktkompetenz* und *Mediationskompetenz* in zwei Werken dargestellt haben, führen wir nun die gewonnenen Erkenntnisse für den Kontext *„Organisation"* zusammen. Dieses Buch enthält einige grundlegende Betrachtungsweisen und handfeste Praxistipps für die Konfliktberatung und Konfliktbearbeitung in Organisationen. Auch wenn es zu diesem Thema zahllose Ausführungen gibt, so ist die gleichwertige Betrachtung von Management, Führung und Mediation neu. Dabei nutzen wir aktuelle Forschungsergebnisse, die durch ihre Kombination von Kompetenztheorie, Organisationslehre und Mediation eine für die Praxis sehr nützliche Orientierungshilfe für die interne und externe Beratungstätigkeit in Organisationen bieten. Wenn ich in diesem Buch von *„wir"* schreibe, dann meine ich die Trainer und Berater, die im Namen und Auftrag von SOKRATeam Dienstleitungen für unsere Kunden erbringen. Da alle unsere Trainer und Berater auch über mediative Kompetenzen verfügen, hat unser kollegialer Austausch zu vielen, der in diesem Buch aufgeführten Erkenntnissen, wertvollen Impulsen und Beiträgen geführt. So auch die Art und Weise, wie wir Konflikte in einer neuen Form denken.

Gängige Betrachtungsweisen konzentrieren sich entweder auf Ursachen und beantworten die Fragen, wie Konflikte entstehen und wie sie wieder „verschwinden", oder sie konzentrieren sich auf Austragungsformen und beschreiben, wie Menschen mit Konflikten umgehen. Das dazwischen, nämlich der Konflikt mit seiner Anatomie und der Frage, wie er möglich wird, bleibt weitgehend unbeachtet und damit eine Art Blackbox. Oder anders ausgedrückt: Die gängigen Konfliktmenüs beschreiben Vor- und Nachspeise ganz ausführlich, sagen aber wenig über den Hauptgang aus. Doch genau dieser ist für Mediation von zentraler Bedeutung. Wie der Konflikt zustande gekommen ist und welche Verhaltensweisen beim aufeinandertreffen welche Dynamik erzeugen, ist für den Mediator zwar ganz interessant, doch seinen Medianden hilft die Analyse wenig. Sie wollen ihren durch den Konflikt ausgelösten Leidensdruck auf ein erträgliches Maß vermindern. Analysen können zwar kurzzeitig den Schmerz des Leids etwas betäuben, verhelfen aber nur selten zu nachhaltigen Veränderungen.

Zusätzlich „passieren" Konflikte in spezifischen Kontexten, die starken Einfluss nehmen auf Möglichkeiten und Grenzen von Interventionen. Diese zeigen wir auf für den Kontext *Organisation* und beschreiben die Kombination *Konflikt in Organisationen*. Diese Betrachtungsweise verhilft zu einem entspannten Umgang mit diesem emotionsgeladenen Thema, das keiner will und doch jeder hat, denn *Organisation ist Konflikt*. Der Punkt hinter dem Titel soll heißen: PUNKT - es lässt sich nichts daran ändern, dass Organisation Konflikt ist.

Wenn es gelingt, diese unumstößliche Tatsache nicht nur zu akzeptieren, sondern sogar zu nutzen, erhalten Entwicklungen in Organisationen neuen Schwung und können in immer enger werdenden Märkten zum entscheidenden Wettbewerbsvorteil führen, denn *Konflikte sind der Treibstoff für Entwicklung*. Das Unangenehme an Konflikten ist nicht die Tatsache ihrer Existenz, sondern die Form des Umgangs. Den Umgang mit *etwas* kann man verändern, wie wir in Mediationen immer wieder erleben. Im Alltag treffen wir auf drei verschiedene Umgangsformen mit diesem Treibstoff:

## 1) Konflikte vergraben

*„Wir haben keine Konflikte"*, hören wir so manche Entscheider sagen. Mit dieser Sichtweise wird deutlich, dass die Potenziale der Konflikte ungenutzt bleiben. Durch das Deckeln, Verleugnen, unter den Teppich kehren, Ignorieren oder Vergraben der Konflikte wird mit Sicherheit eines erreicht: Verseuchter Boden, auf dem kein gesundes Wachstum mehr möglich ist. Die mit diesem kontaminierten Boden erzielbaren Erträge bleiben weit hinter den Möglichkeiten zurück. Erstaunlich ist, dass es immer noch sehr viele Organisationen gibt, die trotz der Verseuchung überleben. Aber das ist mit Sicherheit kein tragfähiges Zukunftskonzept.

## 2) Konflikte anzünden

*„Hier wird gemacht, was ich sage. Wer sich mir in den Weg stellt, hat Pech gehabt."* Diese Rambo-Mentalität fördert Schwarz-Weiß-Denken und Handeln und damit zwei gegensätzliche Ausprägungen, nämlich Eskalation von Konflikten und seine Verdrängung gleichermaßen. *„Bloß nicht den Finger in die Wunde legen – wir haben schon genug Ärger!"* Auch diese Aussage ist eine Folge der Erfahrung einer destruktiven Umgangsform, bei der die unkontrollierte Explosion schmerzhafte Zerstörung erzeugt. Auch wenn diese Zerstörung manchmal nützliche Nebenwirkungen haben kann, wie zum Beispiel Platz für Neues schaffen, so birgt sie dennoch ein hohes Risiko in sich. Denn regelmäßige Wutausbrüche und zunehmende Eskalation sind Gift für belastbare Beziehungen. Doch genau diese Belastbarkeit von Beziehungen ist erforderlich, um wertvolle und nachhaltige Ergebnisse zu erzielen. So ist das Anzünden von Konflikten neben dem Vergraben letztlich eine andere Form der Verseuchung des Bodens für Wachstum und Erträge.

## 3) Konflikte in geregelte Bahnen lenken

*„Hier scheint sich ein Problem anzubahnen. Besser, wir holen uns Unterstützung, bevor das Kind in den Brunnen fällt".* Das ist der Geheimtipp von Erfolgreichen: Das frühzeitige Erkennen schwieriger Situationen in Kombination mit präventivem Handeln. Entscheider in diesen

Organisationen verhindern den Triumph der Hoffnung über d ie Erfahrung, indem sie eben nicht denken *„Es wird sich schon wieder von alleine regeln"*, sondern frühzeitig den Stier bei den Hörnern packen.

Jede der Umgangsformen hat ihre Berechtigung, auch wenn die dritte Form auf den ersten Blick als *die Beste* erscheint. Es gibt jedoch auch Situationen mit guten Gründen, Konflikte anzuzünden oder zu vergraben. Deswegen ist es unverzichtbar, zunächst die guten Gründe zu erforschen, bevor Interventionen zur gewünschten Wirkung führen. Sonst laufen Berater sehr schnell in die Gefahr, mit ihrem Bestreben, Konflikte in geregelte Bahnen zu lenken, als missionierend erlebt zu werden. Damit verlieren sie ihre Glaubwürdigkeit und Anschlussfähigkeit an die Ratsuchenden. Menschen wie Organisationen sind unbelehrbar, jedoch zugleich unglaublich lernfähig.
So werden wir in den folgenden Kapiteln einen multifokalen Blick auf Führung und Beratungstätigkeit in Organisationen werfen. Mit unserer in Jahrzehnten gewonnenen Praxiserfahrung wollen wir Handlungswegweiser aufzeigen. So können einerseits vorhandene Chancen noch besser nutzbar werden und andererseits die Grenzen besser erkannt und berücksichtigt werden, um Fallstricke leichter zu erkennen.
Im ersten Teil beschreiben wir *gefühlte* und *gedachte* Perspektiven als Sichtweisen auf Organisation und ihre Konflikte. Im *gefühlten* Teil richten wir den Blick auf diejenigen Aspekte in Organisationen, welche häufig wahrgenommen und meist beklagt werden. Damit verdeutlichen wir sowohl wirtschaftliche als auch zwischenmenschliche Handlungsnotwendigkeit. So verstehen wir den ersten Teil als eine Einladung, das in Organisationen als unangenehm Erlebtes auch als solches zu akzeptieren, mit dem es umzugehen gilt.
Karl Kreuser lädt in einem Gastbeitrag mit der *gedachten* Perspektive alle theoretisch Interessierten ein, die wissenschaftliche Basis unserer Denkwelt zu erkunden. Dabei zeigt er mithilfe von Erkenntnissen aus der Soziologie, Organisationslehre und Strukturtheorie auf, wie

natürlich es ist, das Organisationen voller Konflikte sind. Die eher
praxisorientieren Leser können diesen Teil überspringen.
Abgerundet wird der erste Teil mit einer sehr praxisrelevanten und
wertneutralen Definition von Konflikt. Sie ist die Basis für unser
innovatives Konfliktinterventionsmodell, das unserem Denken und
Handeln hilfreiche Orientierung bietet.
Im zweiten Teil widmen wir uns den drei grundlegenden Bestand-
teilen, aus denen erfolgreiche Organisationen *gemacht* sind: *Mission,
Funktion* und *Kompetenz*. Diese drei Aspekte bieten Beratern,
Managern und Führungskräfte wertvolle Orientierung für das
Erkennen von Grenzen und Möglichkeiten der Konfliktbearbeitung
in Organisationen. Das ermöglicht eine trennscharfe Darstellung der
Schnittstelle zwischen Entscheidern und Beratern.
Im dritten Teil zeigen wir auf, wie die Erkenntnisse der ersten beiden
Teile durch konkretes Handeln zur Wirkung kommen. Dabei
beschreiben wir Handlungsformen, welche sowohl in der Beratung
als auch für Führung nutzbar sind. Ermöglicht wird dieses Handeln
durch mediative Kompetenzen.

*Begriffe in diesem Buch*
In alltäglichen Sprachgebrauch gibt es zwei Verwendungen des
Begriffs *„Lösung"*, die zu Verwirrung führen können. Darauf gehen
wir noch genauer ein. Hier sei nur soviel gesagt: Statt *Konflikt-
lösung* nutzen wir den Begriff *Konsens*. Mit dem Begriff *Lösung*
benennen wir den *gelösten Umgang* mit dem Konflikt, der auch
ohne Konsens möglich ist. Diese Differenzierung von *„Lösung"* ist
uns ein zentraler und wichtiger Aspekt.
Für eine einfachere Lesbarkeit verzichten wir in diesem Buch auf
einen gendergerechten Sprachgebrauch. Mit der männlichen Form
meinen wir ausdrücklich immer beide Geschlechter.

*Zielgruppe*
Nun bleibt noch die Frage zu beantworten, für wen genau wir
dieses Buch schreiben. Spannend war für uns die Erkenntnis, dass

diese Frage nicht über Rolleninhaber wie Führungskraft, Manager, Mitarbeiter, Projektleiter, Konfliktpartei, Berater oder Mediator zu beantworten ist, sondern vielmehr aus Sicht von Verantwortung für Aufgaben. Und diese können innerhalb der Rollen durchaus wechseln. Dabei sehen wir zwei Schritte, die einen wesentlichen Unterschied bilden: Entscheidungen *vorbereiten* und Entscheidungen **treffen**. Letztere sind Aufgaben, die vom Rolleninhaber nicht delegiert werden können. Deshalb tragen diejenigen, die Entscheidungen treffen, die Verantwortung für die Entscheidung. Diese Verantwortung bezieht sich nicht nur auf die Art der Entscheidung, sondern auch darauf, dass überhaupt entschieden wird. Damit liegen auch das Nicht-Entscheiden und die daraus resultierenden Folgen in der Verantwortung des Entscheiders. Diese durchweg organisations-internen Funktionen von Führung und Management nennen wir in diesem Buch **Entscheider**.

Zu der zweiten Gruppe gehören all diejenigen Aufgaben, die eine Entscheidung vorbereiten. Ergebnis ihrer Arbeit sind Kriterien und Empfehlungen, welche die Entscheider für ihre Entscheidungen nutzen können. Sie sind also eine Art Zuarbeiter. Auch hier sind zwei Arten vorhanden: Berater, deren fachliche Expertise für die inhaltliche Vorbereitung genutzt wird (wie z. B. Juristen, Ingenieure, Wissenschaftler, Ärzte, Psychologen, …) und Begleiter, die Prozesse vorbereiten und unterstützen (wie z. B. Coaches, Personal- und Organisationsentwickler, Mediatoren). Diese Funktionen können sowohl von internen als auch externen Experten wahrgenommen werden.

Der Fokus in unseren Betrachtungen liegt weniger bei den (Fach-)Beratern, sondern vielmehr bei den (Prozess-)Begleitern. Folgerichtig müssten wir diese Gruppe auch Begleiter nennen. Da wir jedoch dieser Begriff für mehrdeutig und gewöhnungsbedürftig halten, nennen wir in diesem Buch die zweite Gruppe **Berater**.

So nehmen wir in unseren Darstellungen immer beide Perspektiven ein, die des Entscheiders und die des Beraters. Natürlich kann ein Entscheider die delegierbare Aufgabe von Beratung und Begleitung

auch selbst wahrnehmen und wechselt damit seine Funktion. Diese
Klarheit ist wichtig für die Wirksamkeit von Interventionen.

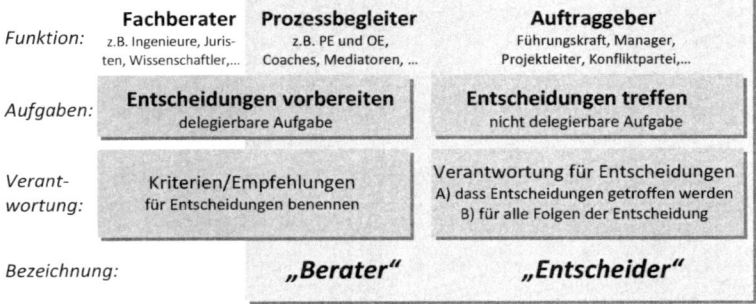

Abbildung 1: Zielgruppe Berater und Entscheider

Es mag ungewöhnlich wirken, diese beiden Perspektiven zusammen-
zuführen. Doch in unseren Ausbildungen ist diese Integration längst
gängige Praxis. So lernen die von uns ausgebildeten Führungskräfte
immer auch Möglichkeiten und Grenzen der Mediation kennen und
bestimmte Elemente der Mediation in ihrem Führungshandeln gezielt einzusetzen. In unseren Mediationsausbildungen erfahren die
angehenden Mediatoren, wo und wie sie mit Mediation in Organisationen viel bewirken können. Wichtiger Bestandteil dabei ist es, eine
trennscharfe Grenze zur Führung zu ziehen, die von Mediatoren nicht
überschritten werden darf. Somit zeigen diese beiden Perspektiven
die zwei Seiten ein und derselben Medaille auf.
Bei der Verlagssuche haben wir erlebt, dass es sich als schwierig er-
wies, dieses Buch einzuordnen. Immer wieder wurde uns die Frage
gestellt *„Ist es ein Buch über Führung oder Mediation?"* Unsere Antwort
lautete immer wieder *„Beides"*, und mancher Verlag hatte Mühe damit,
weil die Sorge bestand, dass keine der beiden Zielgruppen erreicht
wird. Das erinnert uns an einen Beruf, der aus einer Not heraus
Ende der 1990er Jahre in der Industrie entstand. Die Wartung von
Industrieanlagen erforderte sowohl Schlosser als auch Elektriker.

Bei einem Störfall war nicht immer sofort klar, ob es sich um ein mechanisches oder elektronisches Problem handelt. So wird erst der eine Fachmann gerufen, und wenn dieser das Problem nicht lösen kann, wird der nächste Fachmann angefordert. Das kostet nicht nur Zeit und damit Geld, sondern führte auch immer wieder zu einem „Schwarzer-Peter-Spiel" bei dem der Eine die Zuständigkeit auf den Anderen abschob. Als Ausweg aus diesen verantwortungslosen Zuständen entstand der Beruf des Mechatronikers, der sich sowohl mit Mechanik als auch mit Elektronik auskennt. Die Trennung der beiden Berufe scheint aus fachlicher Sicht „logisch", behindert jedoch ein erfolgreiches Handeln, denn erst mit dieser Gleichzeitigkeit werden Lösungen viel schneller erreicht und Kosten gespart.

Mit diesem Buch werben wir dafür, das Prinzip des Mechatronikers auf Führung und Beratung anzuwenden, um den Weg zum Erfolg für beide Professionen auszubauen. Bislang absolvierten fast 40.000 Menschen eine Mediationsausbildung nach den Standards des Bundesverbands Mediation, von denen nur 25% die Tätigkeit als Mediator anstreben. 75% der Teilnehmenden nutzen ihre in der Ausbildung erworbene Mediationskompetenz im eigenen Arbeitsumfeld außerhalb der Mediatorenrolle. Sie übertragen bereits das Prinzip der Mechatronik auf Führung, sei es nun mit oder ohne Weisungsbefugnis. Wir freuen uns über diesen Erfolg und auch über Rückmeldung zu den Erfahrungen bei der Umsetzung der Impulse aus diesem Buch.

Thomas Robrecht
Göppingen, Dezember 2011


Danke an Elke Molkow (www.textagentur-elke-molkow.de),
die mit großer Sorgfalt die letzte Fassung des Manuskripts
Korrektur gelesen hat.

# Inhaltsverzeichnis

# TEIL I: SICHTWEISEN

In unserer Beratungstätigkeit begleiten wir Organisationen, die ganz gezielt ihre Führungskultur gestalten wollen und ihre vorhandenen Potenziale kontinuierlich ermitteln und konsequent fördern. Wesentliche Beweggründe sind, neben langfristigen strategischen Überlegungen zur Personalentwicklung, meist eine Häufung unangenehmer Situationen. Negative Einflüsse auf die Organisationsgewinne geben Anlass, die aktuelle Führungskultur zu hinterfragen. Wir werden häufig beauftragt, im Umgang mit schwierigen Konfliktsituationen Wege aufzuzeigen, die von den verantwortlichen Entscheidern im Sinne der Mission als stimmig bewertet werden. Es geht dabei immer um die (Wieder-) Herstellung einer der Mission dienlichen Handlungsfähigkeit. Im ersten Schritt konzentrieren wir uns auf die Reduzierung des vorhandenen Leidensdrucks, um die eingeengten Perspektiven zu erweitern. Anschließend sorgen wir dann für Nachhaltigkeit, damit die Lösungen von heute nicht zu Problemen von morgen werden. Da die Auslöser meist Beziehungsthemen zwischen Personen oder auch Abteilungen sind, werden wir häufig in unserer Rolle als Mediator angesprochen. Doch sobald die Beziehungsebene geklärt ist, zeigen sich häufig neue Hürden. Wir stellen immer wieder fest, dass es grundlegende Probleme mit Führen und Folgen gibt, die auch mit Mediation nicht gelöst werden können. Weitere Ursachen liegen in der Struktur der Organisation begründet, wie beispielsweise unklare Verantwortlichkeiten und Funktionen, aus der Historie gewachsene und nicht mehr zeitgemäße Abläufe, Ressourcenverteilung, Ressourceneinsatz und Strategien. Und dann erleben wir auch viele Situationen, bei denen es sich um unlösbare Konflikte handelt, die ein natürlicher Bestandteil jeder Organisation sind und die jeden Versuch der Konsenssuche zum Scheitern führen. Konflikte zwischen Menschen und Mängel in Organisationen sind wie zwei Seiten einer Medaille. Wird die Aufmerksamkeit nur auf die Beziehungen oder nur auf die Organisation gelegt, wird eine Intervention bestenfalls in einen Teil des Ganzen wirksam. Um aber nachhaltige Ergebnisse zu erzielen, ist immer ein bifokaler Blick auf

Mensch und Organisation erforderlich. Für beide Aspekte ist Mediation sowie mediatives Handeln ein Navigationssystem, das den Weg zum Fundort möglicher Vorgehensweisen zeigt oder eben auch ihre Unlösbarkeit aufzeigt, die es dann zu akzeptieren gilt.

Für unsere Betrachtungsweise nutzen wir bewertende und wertneutrale Sichtweisen auf Organisation und Konflikt. Die bewertende Sicht in „Organisation gefühlt" zeigt individuelles Erleben auf und die wertneutrale Sicht in „Organisation gedacht" beleuchtet Möglichkeiten und Grenzen von Handlungen in Organisationen aus wissenschaftlicher Perspektive. Sie dient als theoretische Vertiefung und kann vom praxisorientierten Leser übersprungen werden.

In „Konflikt gedacht" stellen wir eine sehr einfache und dennoch wissenschaftlich fundierte Konfliktdefinition vor sowie das daraus abgeleitete Konflikt-Interventionsmodell, welches Beratern, Führungskräften und Mediatoren praktische Handlungsorientierung bietet.

# Organisationen gefühlt

In diesem Teil beleuchten wir das Erleben vieler Menschen, die mit ihrer Arbeit in Organisationen ihren Lebensunterhalt sichern. Dafür nutzen wir interne Perspektiven aus Sicht der Belegschaft und auch externe Perspektiven aus Sicht der Dienstleister und Lieferanten. Es handelt sich überwiegend um bewertende Sichtweisen, die teilweise durch Zahlen und Daten Bestärkung erfahren. Es lässt sich hervorragend darüber streiten, ob die dargestellten Bewertungen wirklich zutreffend sind, ob die Zahlen tatsächlich stimmen, oder nicht, und ob eine objektive Bewertung durch die dargestellte Teilbetrachtung überhaupt möglich ist. Aber unsere Absicht liegt nicht in der Klärung der Frage nach richtig und falsch. Vielmehr wollen wir aufzeigen, dass die vorhandenen Bewertungen unstrittige Wirkung auf Engagement der Mitarbeiter und dadurch auf die Unternehmensgewinne ausüben, ohne dass sie dafür nach einer Erlaubnis fragen würden. Es geht also zunächst um die Akzeptanz des Einflusses von individuellen Bewertungen. Da Bilanzen diese Tatsachen unberücksichtigt lassen und auf objektiven Faktoren von Zahlen, Daten und Fakten basieren, wird fälschlicherweise von der Bedeutungslosigkeit der subjektiven Aspekte ausgegangen. Deshalb richten wir den Blick auf das in Bilanzen Fehlende. Es gibt Ansätze, die versuchen, neben der betriebswirtschaftlichen auch eine Bilanz der Kompetenzen zu ermitteln. Das sind Versuche, psychosoziale Voraussetzungen formal abzubilden. Zweifelhaft ist, ob es den Menschen in der Organisation auch gelingt, aus diesen Möglichkeiten tatsächlich Realitäten herzustellen.

Unserem Anliegen helfen solche Kompetenzbilanzen wenig, denn sie sind kein Ersatz für angemessene Führungs- oder Beratertätigkeiten. Ebenso wenig sind sie geeignet, lösungsorientierte Kommunikationen faktisch herzustellen oder Veränderungsprozesse *im richtigen Leben* zu begleiten.

## Mangelndes Mitarbeiter-Engagement

Die jährlich erscheinende Gallup-Studie stellt seit 2001 fest, dass die emotionale Bindung der Mitarbeiter an ihr Unternehmen äußerst gering ist. Wir gehen davon aus, dass es einen direkten Zusammenhang zwischen emotionaler Bindung, Engagement und Leistung gibt. Die Zahl derjenigen Arbeitnehmer, die sich richtig ins Zeug legen, schwankt um die zwölf Prozent. Zwei Drittel machen Dienst nach Vorschrift und jeder Fünfte hat längst innerlich gekündigt. Diese enorme Demotivation hat neben einen enormen Verlust von Lebensfreude der Arbeitnehmer auch einen volkswirtschaftlichen Schaden von rund 100 Milliarden Euro zur Folge, wie Gallup berechnet hat.

**Engagement-Index Gallup-Studie 2001 - 2010**
Emotionale Bindung zum eigenen Arbeitsplatz

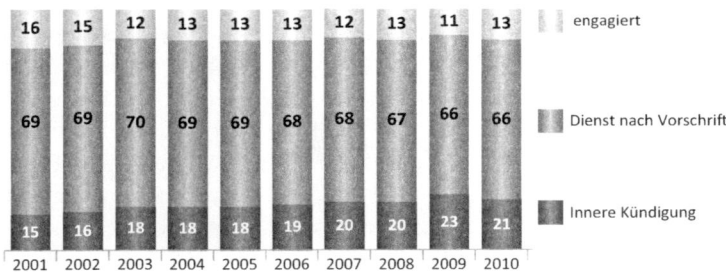

*Abbildung 2: Mitarbeiterengagement Gallup-Studie 2001-2010*

Der meist genannte Grund der Demotivation ist der Führungsstil des Vorgesetzten. Doch es wäre zu kurzsichtig, darin die einzige Ursache zu sehen, denn es blendet die Verantwortung der Mitarbeiter aus. Führung erfordert auch Folgen, und damit tun sich viele Menschen schwer. Führungskräfte-Schelte hilft hier nicht weiter, denn auch sie sind nicht nur Täter, sondern auch Opfer zugleich: Permanente Überlastung fordert ihren Tribut. Eine Besprechung jagt die Nächste, Ergebnisvorgaben sind höchst ambitioniert, die Familie kommt schon lange zu kurz, und die Gesundheit lässt auch zu wünschen übrig. All das darf niemand merken, denn Schwäche zeigen schadet der Karriere oder kratzt zumindest am Selbstbild. So erhält das Dringende den Vorrang vor dem Wichtigen, formale Aspekte werden bevorzugt bedient und insbesondere die sozialen Aspekte kommen zu kurz.

*„Ich schaffe meine vielseitigen Aufgaben gerade so und finde keine Zeit, mich um all die Wehwehchen meiner Mitarbeiter zu kümmern. Sie müssen einfach funktionieren, dafür werden sie schließlich bezahlt."*

Dies alles ist Ausdruck von Arbeitsüberlastung und der Hilflosigkeit im Umgang mit Konflikten. Zielvereinbarungen tun ihr Übriges: Es wird nur das getan (objektive Kennzahlen erreichen), was auch honoriert wird. Und das ist selten bis nie das Soziale.

## Kennen ist nicht gleich Können

In einer Studie von experteer.de wurden Führungskräfte nach den wichtigsten Führungseigenschaften gefragt. Das Ergebnis zeigt, dass Führungskräfte sehr wohl eine Vorstellung davon haben, worauf es bei der Führung ankommt:

**Wichtigste Führungseigenschaften** (von Führungskräften benannt)

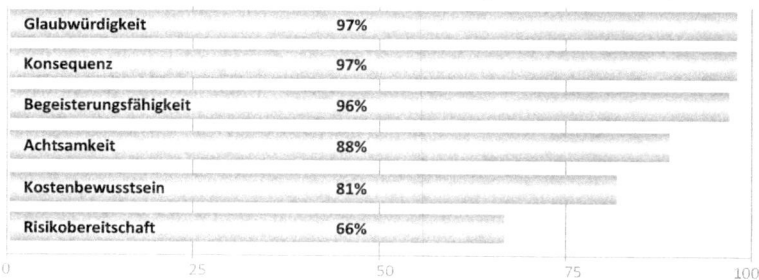

*Abbildung 3: Führungseigenschaften Umfrage www.experteer.de 2009*

Rund 90 % der Führungskräfte sind der Meinung, dass Achtsamkeit, Begeisterungsfähigkeit, Konsequenz und Glaubwürdigkeit, wichtige

Führungsaspekte sind. Jedoch reicht das Kennen dieser zweifelsfrei wichtigen Aspekte von Führung nicht aus. Wie die Gallup-Studie zeigt, nutzt dieses Wissen wenig, denn die Mitarbeiter merken nichts davon. Kennen ist eben nicht gleich Können. Auffällig ist auch, dass weder Konfliktfähigkeit noch Kritikfähigkeit als eine wichtige Führungseigenschaft benannt wurde.

## Mangelnde Balance formaler & sozialer Führungsaspekte

Die Herausforderung in der Führung von Menschen in Organisationen besteht in der Herstellung einer Balance zwischen der Anweisungsform (Gehorsam, Grenzen setzen) und der Selbstorganisation (Gestaltung, Freiheit entwickeln). Ein dauerhaftes Einfordern des fraglosen Vollzugs würde jedes kreative Potenzial im Keim ersticken und ein dauerhaftes Zulassen von beliebiger Selbstorganisation kann leicht zur Bedrohung des Daseinszwecks einer Organisation führen. Hier liegt ein großes Konflikt- und Problempotenzial (vgl. Barthel 2011).

Eine für uns Menschen sehr nützliche und überlebenswichtige Schutz-funktion ist die Fähigkeit, sich in schwierigen oder gar bedrohlichen Situationen auf das zu konzentrieren, was man schon immer gut konnte und in kritischen Situationen schon immer geholfen hat. Dieses Phänomen lässt sich besonders gut in Konflikten beobachten: Wird eine Situation als schwierig oder bedrohlich erlebt, folgt sofort ein reflexartiger Rückgriff auf das Bewährte. Dabei ist es völlig unerheblich, in welcher Qualität sich das *„Bewährte"* bewährt hat. Denn bei genauerem Hinsehen lassen sich häufig zielführendere Wege entdecken, über die das Wichtige viel effizienter erreicht werden kann. Wo Führungskräfte an ihre Grenzen kommen, zeigt sich dieses Phänomen besonders deutlich. Wenn es z. B. erforderlich wäre, einem Mitarbeiter genau zuzuhören, wo ihn der Schuh drückt, was seine Bedürfnisse sind und worin genau seine Motivation besteht, konzentriert sich eine überlastete Führungskraft dann eher auf die formalen Aspekte wie Ziele, Ergebnisse, Regeln und Sanktionen. Wenn also der Umgang mit Subjektivität als Überforderung erlebt wird, folgt das reflexartige und meist hilflose Bemühen von vermeintlich objektivem Formalismus. Daraus ergibt sich im günstigsten Fall Demotivation, in jedem Fall Frustration, meist jedoch Eskalation. Es gibt Entscheider, die diese Logik für völlig normal und unabdingbar halten.

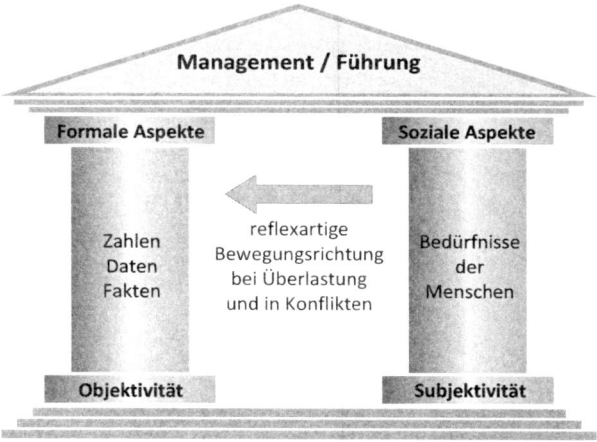

*Abbildung 4: Formale und soziale Aspekte von Management und Führung*

Bei eskalierten Konflikten in Organisationen ist immer auch die Balance zwischen formalen und sozialen Aspekten verloren gegangen. In Wirtschaftsorganisationen sind dann oft die formalen Aspekte in der Überbetonung, in sozialen Organisationen ist es häufig umgekehrt. Somit ist der Blick auf die Balance von formalen und sozialen Führungsaspekten nicht nur für den externen Berater und Mediator eine Navigationshilfe und Fundort möglicher Interventionen. Auch Führungskräfte können hier ihre Handlungen auf den Prüfstand stellen. Voraussetzung ist die Fähigkeit zur Selbstreflexion. Doch diese ist nicht immer so ausgeprägt, wie es für eine wirksame Umsetzung erforderlich wäre.

## Unzureichende Selbstreflexion

Wenn die Ursache eines Problems gefunden werden soll, beginnt die Suche dort, wo die Wirkung bemerkt wurde. Liegt das Problem im zwischenmenschlichen Bereich, ist die Komplexität der Wechselwirkungen von unterschiedlichen aufeinandertreffenden Verhaltensweisen so groß, dass es für viele Menschen unerträglich wird. Linderung bietet die Komplexitätsreduktion, indem auf lineares Ursache-Wirkung-Denken zurückgegriffen wird. Das ermöglicht ein schnelleres Klären der Schuldfrage. Da sich der *Andere* so merkwürdig verhält, stimmt etwas mit *ihm* nicht. Von daher ist klar, dass der Andere als alleiniger Verursacher für die schwierige Situation infrage kommt und das eigene Verhalten über jeden Zweifel erhaben ist. Doch leider ist die hierbei erzielte Linderung nur von kurzer Dauer. Besonders deutlich zeigt sich die Kürze der erzielten Linderung, wenn der Andere genau die gleiche Strategie nutzt. Dabei entstehen in Konfliktsituationen typische Dynamiken zwischen zwei Personen, wir nennen sie hier *der Eine* und *der Andere*: Das Verhalten vom Einen erzeugt eine Wirkung beim Anderen. Aus dieser Wirkung folgt ein Verhalten des Anderen. Dieses Verhalten erzeugt wiederum eine Wirkung beim Einen, welche das bereits vorhandene Verhalten des Einen verstärkt.

Nehmen wir als Beispiel einen überlasteten Chef, der ein Problem mit seinem Mitarbeiter hat. Der Chef konzentriert sich auf die formalen Aspekte und erzeugt mit diesem Verhalten verletzende Wirkung beim Mitarbeiter. Beim Mitarbeiter folgt aus diesem erlebten Mangel an sozialen Aspekten (beispielsweise Wertschätzung) ein frustriertes Verhalten, dass wiederum beim Chef die Wirkung der Hilflosigkeit verstärkt und er damit die Richtigkeit seines eigenen Verhaltens bestätigt sieht. Hier lässt sich der typische Reflex der Komplexitätsreduktion beobachten: Jedem Beteiligten ist sofort klar, dass der Andere das Problem ist. So entstehen sich selbst stabilisierende Teufelskreise, aus dem es nur durch externen Machteingriff oder Selbstreflexion ein Entrinnen gibt.

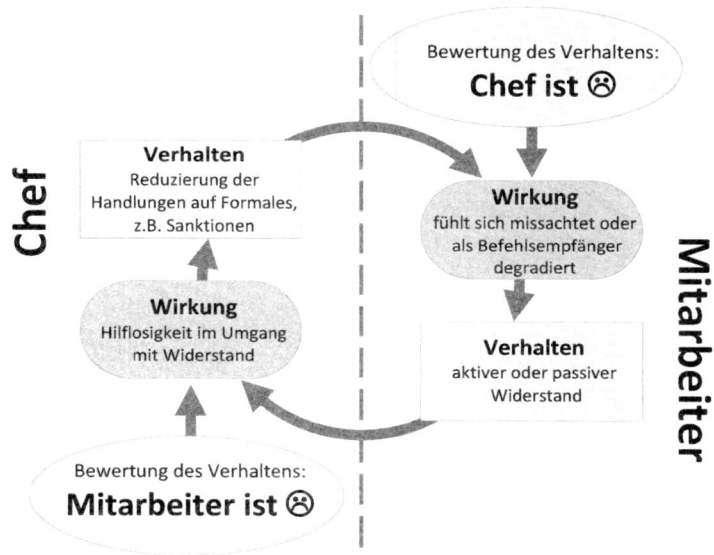

*Abbildung 5: Teufelskreis der Projektionen*

Doch leider lässt sich häufig beobachten, dass die Reflexion des eigenen Anteils am Geschehen unbeliebter ist, als sich einem externen Machteingriff auszusetzen. Im Extremfall können unreflektierte Menschen die Erkenntnis gewinnen: *„Die ganze Welt ist voller Verrückter und ich bin der einzige Normale."* Um aus diesem Teufelskreis auszubrechen, lohnt es, sich selbst die Frage zu stellen: *„Welchen guten Grund liefere ich dem Anderen für sein Verhalten?"* Die Beantwortung dieser Frage zeigt Auswege aus dem Teufelskreis zwischenmenschlicher Konflikte. Doch Selbstreflexion ist nicht überall beliebt. Laut Gallup-Studie gibt es elf Prozent engagierte Mitarbeiter.

Etliche dieser Leistungsträger befinden sich am Limit ihrer Leistungsfähigkeit. Sie vermitteln den Eindruck des Gefangenseins im Hamsterrad. Es gibt einen inneren Antrieb, der verlangt, allen

Anforderungen gerecht zu werden. Dabei bleibt nicht selten die Gesundheit oder die Partnerschaft und Familie auf der Strecke. *„Arbeiten, bis der Arzt kommt"*, lautet die (unbewusste) Devise. Fehlende Prioritäten verschärfen diesen Mangel, und der Marathonlauf im Hamsterrad nimmt kein Ende. Hier eine typische Geschichte dazu:

> *Ein Spaziergänger läuft durch den Wald und trifft auf einen Mann, der fieberhaft daran arbeitet, einen Baum zu zersägen. „Sie sehen erschöpft aus", sagt der Spaziergänger zu dem Mann. „Sie sägen schon lange, nicht wahr?" „Einen halben Tag" sagt er, „ich bin völlig geschafft! Das ist richtige Knochenarbeit." „Warum machen Sie dann nicht ein paar Minuten Pause und schärfen die Säge? Danach geht das Sägen viel leichter und schneller." „Für das Schärfen habe ich keine Zeit", sagt der Mann genervt, „ich muss sägen". (In Anlehnung an Seiwert 2010)*

Es ist sehr einleuchtend, dass das Schärfen der Säge die Effizienz erhöht. Da wirkt es sehr befremdlich, wenn Menschen dieses kurze Innehalten unterlassen, obwohl sie genau wissen, wie nützlich es wäre. So erleben wir in Coachings, dass allein die Zeit der Reflexion, die sich ein Coachee fürs Coaching nehmen muss, oftmals schon ausreichend ist, um Wichtiges zu erkennen und daraus Maßnahmen zur Veränderung abzuleiten. Doch lässt der Alltag es nicht zu: *„Ich habe keine Zeit dafür"*, hören wir die Menschen gebetsmühlenartig sagen. So definieren sie die Zeit als Täter und degradieren sich selber zum Opfer. Diese scheinbar bequeme Form, die Verantwortung für das eigene Handeln abzugeben, ist weit verbreitet. Doch der Preis für diese Bequemlichkeit ist hoch, denn so kosten die meisten Anforderungen unendlich viel Kraft, bis es schließlich zum Burn-out kommt. Auch dieses Phänomen ist eine Folge mangelnder oder unzureichender Selbstreflexion. Hier hilft die Frage: *„Welchen Beitrag leiste ich, dass die Situation so ist, wie sie ist?"*

## Steigender Fachkräftemangel

Der demografische Wandel wirkt sich schon heute auf unser Arbeitsleben aus. Trotz längerer Lebensarbeitszeit fehlen in vielen Branchen Fachkräfte. Zukunftsforscher sind sich darin einig, dass diese Entwicklung zunimmt. Arbeitnehmer werden sich ihren Arbeitgeber aussuchen können. So kommt es zum Kampf um die besten Talente und Fachkräfte. International agierende Konzerne sind davon nicht so stark betroffen. Richtig problematisch wird es für kleine und mittelständische Unternehmen – im Maschinenbau und in Pflege-berufen ist es bereits deutlich spürbar. Hier wird die Attraktivität als Arbeitgeber zum zukunftssichernden Faktor vieler Organisationen. Immer mehr Bedeutung erhalten Betriebsklima, Führungsstil und Konfliktkultur.

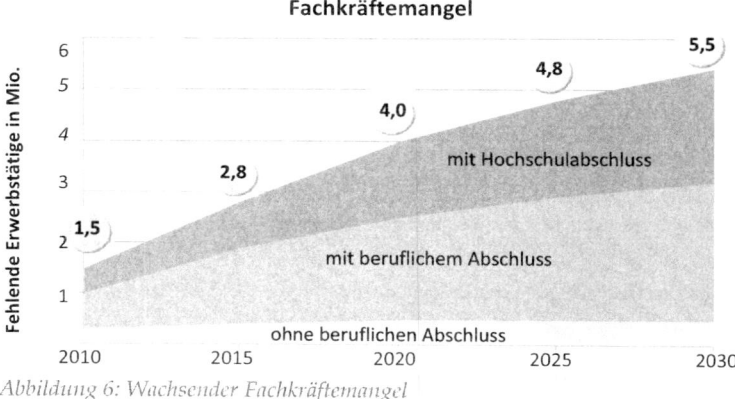

*Abbildung 6: Wachsender Fachkräftemangel*

Die Gestaltung dieser Aspekte ist keine einmalige Aktion, die einmal erreicht, von dauerhafter Wirkung ist. Sie müssen immer wieder neu hergestellt werden. Deshalb müssen Organisationen schon heute mit gezielten Maßnahmen beginnen, wenn sie zukünftig für Arbeitnehmer attraktiv sein wollen. Die Weichen für Zukunftsfähigkeit werden in der Gegenwart gestellt - und nicht erst in der Zukunft.

## Mangelnde Veränderungsideen der Mitarbeiter

Im Arbeitsalltag gibt es zahlreiche Situationen, in denen die Erfüllung der Mission behindert oder gar blockiert wird. Das allein wäre noch kein Problem, wenn Wege der Abhilfe gesucht und gefunden würden. Als kritisch ist es zu bewerten, dass diese Situationen oft als normal und unveränderbar eingestuft werden: *„Das ist nun mal so, damit muss man rechnen"*. Fatal wird es dann, wenn die Organisation ein systematisches Vorschlagswesen installiert, dieses mit Prämien garniert und sich dann nichts Wesentliches ändert. Das verstärkt bei den Mitarbeitern den Lernerfolg, dass Veränderung nicht sein darf oder kann. Diese Erkenntnis findet ihre Fortsetzung bei jedem der sechs Schritte des Managementprozesses:

| 1 | 2 | 3 | 4 | 5 | 6 |
|---|---|---|---|---|---|
| Ist | Soll | Planung | Entscheidung | Umsetzung | Kontrolle |

*Abbildung 7: normaler Managementprozess*

1. Bestandsaufnahme (Ist-Zustand)
2. Ziele (Soll-Zustand)
3. Planung und Bewertung von Möglichkeiten zur Beseitigung der Differenz zwischen Ist- und Soll-Zustand
4. Auswahl und Entscheidung für die umzusetzenden Maßnahmen
5. Umsetzung der Maßnahmen
6. Kontrolle der Ergebnisse mit Bewertung der Zielerreichung

Dabei lassen sich die immer gleichen Phänomene beobachten, von denen wir einige typische Beispiele aufzeigen.

### Begrenzter Blick über den Tellerrand

Zu Beginn einer Aufgabe oder eines Projektes erfolgt eine Bestandsaufnahme. Es gilt, eine Situation zu erfassen und möglichst viele Aspekte zusammenzutragen, um ein umfassendes Bild zu erhalten. Bei diesem Versuch lässt sich häufig feststellen, dass jeder Beteiligte über sein eigenes individuelles Bild von der Situation verfügt, das er auch durch neue Perspektive nicht infrage stellt oder erweitern lassen will. Die Folge ist eine Vielzahl an widersprüchlichen Bewertungen und Deutungen.

*Abbildung 8: Die Blinden und der Elefant (nach einem Gleichnis aus Südasien)*

Häufig führen ungeschickt eingesetzte Zielvereinbarungen, die mangels Kreativität zu demotivierenden Zielvorgaben verkommen, zur Verschärfung dieses Zustands. Dies ist der Treibstoff für den Kampf um *richtig* und *falsch*, in dem Andersdenkende zu Feinden werden. Durch das Abgleiten auf die persönliche Ebene werden Individualinteressen wichtiger als Organisationsinteressen.

So bleibt ein an den Zielen der Organisation ausgerichtetes ergebnis-orientiertes Handeln auf der Strecke und der Blick für das Ganze geht verloren. Das Bestreben, ein Ergebnis zu gestalten, das dem Erfüllen der Mission dient, existiert nicht mehr. Diese Situation ist aus Sicht der Mitarbeiter und Organisationsleitung gleichermaßen unbefriedigend.

*Ziel-un-klarheit*

Sollte jedoch die Bestandsaufnahme gelungen sein, folgt bei der Zieldefinition die nächste Hürde. Unpräzise Formulierungen, die nicht objektivierbar oder zumindest subjektiv nachvollziehbar sind, sorgen spätestens bei der Umsetzung oder im Ergebnis für Streit, oftmals jedoch schon bei der Ermittlung von Maßnahmen. Die Illusion der Existenz gemeinsamer und eindeutiger Ziele lässt jede fremde Handlung, die nicht der eigenen Zielvorstellung entspricht, wie Verrat erscheinen.

> *„Wir hatten doch definitiv vereinbart, dass wir uns mit [A] beschäftigen! Doch der werte Kollege hält sich nicht daran – typisch! Er kocht wieder mal sein eigenes Süppchen, indem er sich mit [@] befasst! Er hat es anscheinend nicht nötig, sich an Absprachen zu halten!"*

*Abbildung 9: Illusion der Zielklarheit*

Diese Dynamik ist keine Seltenheit, wie unsere Erfahrungen aus zahlreichen Mediationen und Entwicklungsworkshops zeigen.

### De-Motivation in Teams und Arbeitsgruppen

Wenn Bestandsaufnahmen unbefriedigend erlebt werden und Ziele unklar sind, folgt eine deutliche Reduzierung der Chancen auf eine positive Entwicklung von Arbeitsergebnissen und förderlichem Miteinander. Das wird spätestens in Besprechungen sichtbar, wenn bei der Arbeitsverteilung *„kollektives Abtauchen"* erfolgt. Engagement, Motivation und Teamarbeit sehen anders aus. Hier hören Entscheider oft die Forderung ihrer Chefs: *„Sie müssen Ihre Leute mehr motivieren!"* Doch die Wurzel der Demotivation wird durch das Angebot und dem Konsum von Motivationshappen nicht verändert.

*Umgang mit Fehlern*

Bei dem bis hierher dargestellten Situationen ist es sehr unwahrscheinlich, dass bei der Kontrolle die Arbeitsergebnisse den Anforderungen entsprechen. Bei so vielen Ungereimtheiten wäre das der
pure Zufall. Setzt sich die bisherige Logik fort, wird jeder Versuch
der Gestaltung einer nachhaltigen Lösung überrollt von der Frage
*„Wer ist schuld?"* Ihre Wirkung ist so hypnotisch, dass sie die Erfüllung des Daseinszwecks der Organisation völlig vergessen lässt.

## Mangelnde Veränderungsideen der Entscheider

Den meisten Verantwortlichen sind alle diese Informationen bekannt.
Wollen sie Veränderungen initiieren, schauen sie in den meisten Fällen
auf *„Best Practice"* anderer Vorbilder. Dieses Vorgehen ist von der Illusion getragen, Fremdes übernehmen zu können, um zum eigenen
Besten zu gelangen. Doch dieses scheinbar effiziente Vorgehen hat
gefährliche Nebenwirkungen. Die Annahme, man könne einfach das
kopieren, was sich in anderen Organisationen als erfolgreich erwiesen habe, ist in etwa vergleichbar mit dem Versuch, Palmen in Grön-
land anzusiedeln. Es bleibt keiner Organisation erspart, selbst genau
hinzuschauen, nachzudenken, Erfahrungen zu reflektieren und eigene
Wege zu gestalten. So wird eine Nachhaltigkeit erzeugt, die den
nächsten zwei- bis vierjährigen Karrieresprung des Entscheiders auch
überlebt. Doch das ist häufig unbequem, mühselig und steht noch
nicht einmal in der eigenen Zielvereinbarung. Deshalb vermeiden es
zahlreiche Entscheider, diesen Weg des Überlebens zu gehen. Hierzu
eine beispielhafte Situation, stellvertretend für viele andere:

*Der Vorstand eines erfolgreichen mittelständischen Hightech-
Unternehmens beauftragte uns, herauszufinden, warum die Mitarbeiter so unzufrieden seien, obwohl doch alles für deren Zufriedenheit getan werde. Als wir zum Ergebnis kamen, dass sich die physi-
sche und psychische Belastung der Mitarbeiter im „roten Bereich"*

*befände, lautete die Antwort: „Das ist doch normal und in jedem*
*erfolgreichen Unternehmen so!"*

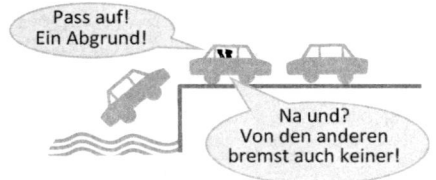

*Abbildung 10: „Best Practice"*

Diese Aussage war sicher geprägt von der weitverbreiteten Annahme,
dass die Ideenlosigkeit eines Entscheiders mit der Unveränderbarkeit
des Mangels gleichbedeutend sei. Dieser Umstand wirkt wie eine sich
selbst erfüllende Prophezeiung. Denn es ist gar nicht so entscheidend,
ob jemand den Zustand, in dem er sich befindet, für veränderbar
oder für unveränderbar hält. Entscheidend ist, zu wissen, dass er mit
seiner Sichtweise immer recht behalten wird.

## Entwicklungsfähige Konfliktfähigkeit

Wie bereits festgestellt, wird von Führungskräften Konfliktfähigkeit
nicht als wichtige Führungseigenschaft benannt. Das lässt verschiedene
Vermutungen zu. So könnte es sein, dass Konfliktfähigkeit als etwas
Selbstverständliches angesehen wird und deshalb nicht ausdrücklich
benannt werden muss. Es könnte aber auch sein, dass das Nicht-Be-
nennen Folge von Konfliktvermeidungsstrategien ist. Diese Vermutung
stärkt eine Studie zum Thema *„Diversity and Inclusion"* der Unterneh-
mensberatung Roland Berger vom Mai 2011. Sie bescheinigt den
Führungskräften eine Neigung zum *„Self-Cloning"*. Dabei rekrutieren
Führungskräfte nicht unbedingt die geeignetsten Bewerber, sondern
solche, die ihnen ähnlich sind. Dieses meist unbewusste Vorgehen ist
getragen von einem Denken, dass Gleichheit Reibungsverluste im
Miteinander reduziert und die Zielerreichung erleichtert. Neben diesem

Irrtum (… denn Gleichheit ist auch gut geeignet für die Entstehung
von Projektionen und Eskalation …) weist diese Gleichschaltung
weitere Nebenwirkungen auf: Sie vergrößert den **Blinden Fleck** und
reduziert Innovationsfähigkeit und Flexibilität. Das ist ein weiteres
Indiz, das insbesondere den deutschen Unternehmen eine weitverbreitete Kultur der Konfliktverdrängung attestiert. Auch dieser Aspekt erschwert den Organisationen die Positionierung als Wunsch-
Arbeitgeber und produziert Verlierer im *„War for Talents"* – dem
Kampf um die Besten auf dem Arbeitsmarkt. Organisation ist Konflikt. Diese Tatsache erfordert von erfolgreichen Führungskräften
eine ausgeprägte Konfliktfähigkeit. Polarisierender Kampf und
harmonisierende Flucht sind dabei die vorherrschenden Strategien.
Integrierende Kooperation ist deutlich seltener anzutreffen.

## Fazit

Es scheint, als etabliere sich aufgrund von Ideenlosigkeit eine Legitimation des Scheiterns. Trügerische Beruhigung vermittelt die Feststellung: *„Die Anderen machen es auch nicht anders"*. So wird Mangel-
haftes als unveränderbar hingenommen und man richtet sich in der
Unzulänglichkeit so bequem wie möglich ein: *„Es ist halt so. Es war
schon immer so. Und es wird auch immer so bleiben."* Wenn es einmal
spürbar wird, dass sich der Fachkräftemangel zum Wettbewerbs-
nachteil entwickelt hat, wird diese Form von *„Best Practice"* zum
Verhängnis geworden sein. So etwa könnte ein Pessimist unsere
gedanklichen Ausflüge zusammenfassen.
Wir wollen solche Gedanken nicht beschönigen oder rosa Brillen
verteilen. Ebenso sollen die Pessimisten nicht durch zustimmendes
gemeinsames Jammern bestätigt werden. Wir wollen vermeiden,
dass durch eine Abwärtsspirale der Gefühle der klare Blick des
Beraters und Entscheiders getrübt wird. Denn es sind immer mehrere
Perspektiven einzunehmen, damit der Blick über den Tellerrand gelingt. Erst dort lässt sich der *„Elefant"* erkennen. Dabei wird klar,

dass alle Beteiligte ihren Beitrag dazu leisten und auch Verantwortung dafür tragen, dass die Dinge so sind, wie sie sind. Führungskräfte liefern durch ihr unpassendes Führungsverhalten ihren Mitarbeitern viele gute Gründe, dass diese über ihren Chef klagen. Und Mitarbeiter, denen „klar" ist, dass ihr Chef „unfähig" ist, liefern durch ihr Verhalten des Nicht-Folgens ihrem Chef viele gute Gründe, dass dieser über seine schwierigen Mitarbeiter klagt. So entstehen Teufelskreise, in denen jeder Beteiligte Täter und Opfer zugleich ist. Doch es gibt sehr wirksame Ansätze, um Mitarbeiter-Zufriedenheit zu erreichen, Frustrationstoleranzen zu erhöhen und gleichzeitig die Gewinne zu steigern. Das Geheimnis liegt in der gleichzeitigen und gleichwertigen Beachtung objektiver und subjektiver Führungs- und Management-Aspekte. Das erfordert eine ausgeprägte Kritik- und Konfliktfähigkeit der Entscheider, welche von einer kontinuierlichen Selbstreflexion getragen ist. Zwar gibt es viele Führungs-kräfte, die heftig kritisieren und keinem Konflikt aus dem Weg gehen, doch manche nur nach dem kämpferischen Grundsatz von Schwarz-Weiß, Alles oder Nichts, Du oder ich, Sieg oder Niederlage. Auch ist das andere Extrem von friedhöflichem Weiß-schwarz-Grundsatz von „Bloß keinen Streit anzetteln" ebenso verbreitet. Es gibt durchaus Situationen, in denen beide Pole temporär berechtigt sind. Doch für ein erfolgreiches Arbeiten bedarf es der jeweiligen Situation angemessenes Führungsverhalten, das im Farbbereich zwischen Schwarz und Weiß balanciert. Im Führen und ebenso im Folgen liegt in vielen Organisationen ein großes ungenutztes Optimierungspotenzial.

Menschen in Beratungs- und Führungsrollen tragen hier eine besondere Verantwortung für die Identifikation und der Nutzung dieses Potenzials. Nicht nur für die Organisation, in der sie tätig sind, sondern darüber hinaus auch für unsere gesamte Gesellschaft sowie ihre Position in einer globalen Wirtschaftswelt. Wer auch in Zukunft seine Existenz sichern will, darf heute sein Handeln nicht nur von kurzfristigen Strategien und lokalen Möglichkeiten steuern lassen.

Heute werden die Weichen gestellt, um für die Zukunft Einfluss und Gestaltungsmöglichkeiten zu sichern. Die Entwicklung von Konfliktkompetenz spielt dabei eine zentrale Rolle.

### Ausflug in die Wissenschaft

Nun lädt Karl Kreuser in seinem wissenschaftlichen Gastbeitrag dazu ein, das Phänomen *„Organisation und ihre Konflikte"* soziologisch und strukturtheoretisch zu betrachten. Diese Ausführungen sind die Basis unserer Denkwelt. Leser mit hoher Praxisorientierung können diesen Teil überspringen.

# Organisation gedacht

*Gastbeitrag von Karl Kreuser*

Wir können Organisation auf unterschiedliche Weise denken. Die Betriebswirtschaft versucht, Organisation als formale Struktur zu erfassen und zu erklären. Die Sozialwissenschaften befassen sich mit den Beziehungen der Menschen als soziale Struktur beim Herstellen von Organisation. Beide gelangen so zu Sichtweisen auf Organisation, die idealtypisch passen, jedoch praktisch immer von Unschärfen begleitet sind. So beobachtet die Betriebswirtschaft anders als die Sozialwissenschaft und jede sieht einige Zusammenhänge und andere bleiben ihr verborgen.

Der Beobachter beeinflusst das Beobachtete. Wenn zum Beispiel die soziale Realität nur aus Kommunikationen besteht, dann kann auch Organisation nichts anderes sein als Formen oder Themen besonderer Kommunikationen. Wird die Organisation dagegen über ihr Organigramm erschlossen, kann es nichts außerhalb der Kästchen und keine Beziehungen neben den dargestellten Linien geben. Die Vollständigkeit der Erkenntnis im Einen ist nicht möglich ohne die Unvollständigkeit der Erkenntnis im Anderen. Die Konstruktion und dann die notwendige Unterscheidung dieses Dualismus können aus Perspektiven beobachtet werden, welche die Distinktion zwischen Faktischem und Möglichem nützlich für die Organisation erscheinen lassen.

Das sich hier abzeichnende „Dilemma" (Barthel 2012) ist nicht neu. Bereits Max Weber (1922) hat sein Bürokratiemodell als ein in Reinform in der Praxis unerreichbares Ideal verstanden. Der Dualismus ist der Organisations-, Führungs- und Managementlehre präsent und zeigt sich beispielsweise in Unterscheidungen von formaler und informeller Führung oder in der Gegenüberstellung von Management und Leadership (z. B. Bennis 1994).

Nach unserer Auffassung ist es für die Beratung und Begleitung von Organisationen weniger hilfreich, Organisation exakt definieren zu können, als eher zu erkunden, wie Organisation möglich ist. Man kann Organisation herstellen, ohne sie definieren zu können.

## Angedacht

Bei unserer Erkundung, wie Organisation möglich ist, gehen wir von verschiedenen Annahmen aus. Wirtschaftende Unternehmen, soziale Einrichtungen oder hoheitliche Institutionen sind Organisationen. Wir unterscheiden hier zwischen *Organisation sein* im Sinn Struktur. Davon abzugrenzen ist *Organisiertheit* als Selbstorganisation oder als Wieder-verwendung bewährter Relationen bei ähnlichen Strukturen oder bewährter Strukturen in ähnlichen Situationen. Organisation kann einer Struktur und *Organisation haben* im Sinn einer Funktion in einer als Prozess der Selbstorganisation definiert werden ebenso wie als Ergebnis der Selbstorganisation. Der Unterschied zwischen strukturellem *Organisation sein* und funktionalem *Organisation haben* spiegelt sich in Wortspielen wie die *Organisation der Organisation.* (vgl. z. B. Luhmann 2006, S.302 ff. oder Simon 2007, S.108 ff.) Das heißt, es werden hier zwei Semantiken von Organisation aufgedeckt: Einmal Organisation als Funktion, die das Prozessieren von Struktur zu beeinflussen versucht und andererseits – das entspricht unserer Sicht – Organisation als eine Struktur, die prozessiert wird. Wir wollen Wortspiele wie diese vermeiden, damit die Semantiken nicht vermischt werden.

Organisationen agieren in einem Markt als den für sie spezifischen Teil einer Volks- oder Weltwirtschaft (wobei eine Organisation mehrere Märkte haben kann). Markt ist ein Möglichkeitsraum aus Kunden, Lieferanten und Wettbewerbern, die durch Angebot und Nachfrage Beziehungen herstellen und der durch Aufträge, Ressourcen und Arbeitskräfte begrenzt ist. Über Markt und Wirtschaft ist die Organisation in die Gesellschaft integriert. Interessensgruppen sind für die

Organisation relevante Umwelten und versehen diese über ihre Erwartungen mit Diversität. Die Mission (Gründungsmotiv, formaler Daseinszweck) der Organisation gibt deren primäre Zweckrationalität vor.

„... Instrumental gesehen erscheint die Organisation für unterschiedliche Interessensgruppen als ein Mittel für unterschiedliche, gelegentlich konkurrierende, gelegentlich sich sogar ausschließende Zwecke (Simon 2007). Die Möglichkeit, dieses Mittel zu nutzen muss ... durch die Unterwerfung unter eine Indifferenzzone erkauft werden. Aus der symbiotischen Nutzung der Organisation als Mittel für unterschiedliche Zwecke können gemeinsame Ziele erwachsen, so etwa, die Organisation zu erhalten, da sie sich als Mittel als nützlich erwiesen hat. Sobald jedoch gemeinsame Ziele bestehen, bilden sich unterschiedliche Vorstellungen über die Mittel, wie diese Ziele zu erreichen seien. (Weick 1985/1995, S.133 ff.) So ist es eine Eigenart der Organisation, stets Unterschiede in Zwecken und auch in den Mitteln aufzuweisen. Die Organisation ist Konflikt und Kooperation zugleich. ...“ (Kreuser 2010b: 31 f.)

*Instrumental betrachtet ist Organisation ein gemeinsames Mittel verschiedener Interessensgruppen wie Kapitalgeber, Mitarbeitende oder Kunden zur Realisierung unterschiedlicher Zwecke.*

Die Zufriedenheit mit den Ergebnissen der Organisation besteht darin, wie diese die Erwartungen relevanter Interessensgruppen erfüllt und frustriert. Dabei ist die Mission immer der *erste Zweck*, dem sich alle anderen Zweckerwartungen unterzuordnen haben. Die Organisation an sich, als Struktur, folgt einzig ihrer Systemrationalität, dem eigenen Überleben und entzieht sich damit direkter Steuerung.
Wir gehen davon aus, dass Organisation ein Prozess ist, eine Struktur, die beständig durch Handlungen wiederhergestellt werden muss. Organisation ist nicht statisch, sondern befindet sich in einem dynamischen Zustand. Die Organisation selbst ist zu Wahrnehmung,

Entscheidung oder Handlung nicht fähig. Es sind immer Personen, die im Namen der Organisation handeln und deren Handlungen der Organisation zugerechnet werden. Organisation ist abhängig vom Wahrnehmen, Erleben, Entscheiden und Handeln der Akteure, die sie herstellen. Erforderlich dazu ist die Unterscheidung, wer wann zur Organisation gehört und wer wann nicht. Damit wird die Organisation von ihren Umwelten unterscheidbar und adressierbar.

## Längsgedacht

Wir nehmen eine alltägliche Situation an. Eine Führungskraft erteilt einer Mitarbeiterin oder einem Mitarbeiter eine Anweisung: *„Ich will, dass Sie das so und nicht anders machen!"* Das klingt trivial, kaum der Rede wert. Die Anweisung entspricht Regeln (ist z. B. über Hierarchie abgesichert) und die Erfüllung kann deshalb abverlangt werden. Spannend für uns ist, warum die Mitarbeiterin oder der Mitarbeiter die Anweisung möglicherweise verweigert. Es gibt formale Gründe in Richtung *„Ich mache es nicht, weil es nicht meine Aufgabe ist (= weil es keine Prämisse gibt, es zu tun)"* und soziale Motive, etwa *„Ich mache es nicht, weil ich Dich nicht mag (= weil ein Beziehungsaspekt mich davon ab-hält)"*. Handlungsrelevante Einflussgrößen der formalen Struktur sind Regeln im weiteren Sinn (wie Hierarchie oder Prämissen). Soziale Strukturen sind wertebasiert und werden durch Kommunikations-medien im weiteren Sinn (wie Macht oder Vertrauen) beeinflusst. Ergänzt die Führungskraft ihre Anweisung: *„Und ich befehle, dass Sie das auch gern tun!"* dann wird es schräg. Das *„gern tun"* gehört zu einer dritten Struktur, der psychischen. Organisation und psychische Struk-turen sind einander Umwelten (nicht Bestandteile) und können sich gegenseitig anregen und irritieren. Direkten Zugriff der einen auf die andere Struktur gibt es nicht, der Bezug erfolgt über die vermittelnde Form *Person* als multifokale Projektionsfläche für beschreibende und vorschreibende Erwartungen.

Besonders in Organisationen, die von bezahltem Management (nicht den Eigentümern) geführt werden, sind daneben *politische* Strukturen wahrscheinlich. Strukturen sind dann *politisch*, wenn sie durch das Letztelement *Macht* bestimmt sind. Wenn das so ist, werden Entscheidungen nicht nach Nützlichkeit für die Organisation getroffen, sondern nach Machtaspekten. Ist die Organisation übertrieben ein-seitig vom *shareholder value* bestimmt, dann tritt an die Stelle der Macht die Ausschließlichkeit der Kapitalrendite als Maßstab von Entscheidungen. Die letzten beiden Aspekte können strukturell eng gekoppelt sein und müssen, um funktionieren zu können, tabuisiert werden.

*Formales*

Das Vorhandensein einer bestimmten formalen Struktur unterscheidet die Organisation von anderen (sozialen) Strukturen. Die formale Struktur entfaltet sich über Mission Zwecke, Leitbilder, Aufgaben oder Stellen. Zugleich sind Prämissen, Gebote und Verbote, Prozessabläufe, Kommunikationswege und Hierarchien bestimmt. Damit sind formaler Einfluss, Befugnisse und Sanktionen verbunden. Regeln sind sogenannte Letztelemente, auf die letztlich alles zurückführbar ist. Es gibt Theorien, die alle diese festgelegten Merkmale formaler Struktur auf Entscheidungen oder Entscheidungsprämissen reduzieren auf die Regel: So und nicht anders. Diese werden dann kommuniziert und durch programmartige Routinen ausgeführt. Wenn Organisation (nahezu) ausschließlich über formale Entscheidung (und deren Kommunikation) definiert wird, ist das für uns eine Überbewertung dieses Aspekts.

> *Formal betrachtet ist Organisation eine Art und Weise,*
> *wie sich Personen, als formale Rollenträger, mit Regeln*
> *als Letztelemente aufeinander beziehen.*

Die formale Struktur ermöglicht der Organisation, Abwesenheit, Zeit, Raum und Gegensätze zu handhaben. Sie macht sie robust gegenüber Veränderungen (was vorteilig wie nachteilig sein kann), ermöglicht Arbeitsteilung und gibt ihr durch „Aktenführung" (Weber 1922, wobei alles, was nicht in den Akten steht, für die formale Struktur nicht existiert) ein *Gedächtnis*. Die Mitwirkung und die Befugnisse der handelnden Personen müssen ebenso eindeutig geregelt sein wie deren Berechenbarkeit, formal im Sinn der Organisation zu handeln. Letztes bezeichnet Chester Barnard (1938/1968) als „Indifferenzzone", in der die Mitarbeitenden keine eigenen Entscheidungen treffen, sondern Vorgaben der Organisation vollziehen. Die Ausgestaltung der Indifferenzzone variiert von einem starren Regelungsraum und dem Abverlangen von Berechenbarkeit durch fraglose Ausführungsbereitschaft bis hin zu einem in seinen Grenzen wohl definierten Freiraum für Handlungen. Unterschiedlich ist die Maxime der Strukturofferte an Mitarbeitende zwischen *„Vollziehe, was man Dir sagt, ohne es zu bewerten!"* (Anweisung zum fraglosen Vollzug) bis hin zu *„Handle selbstorganisiert so, dass das Ergebnis einer vorgegebenen Zweckrationalität entspricht!"* (Anweisung eines Möglichkeitsraums zur Selbstorganisation, soweit diese sich über-haupt anweisen lässt). Die formale Entscheidungsprämisse, unter Verzicht auf eigene Autonomie fremden Zwecken zu folgen und darin berechenbar zu sein, ist in beiden Fällen die gleiche. Die Organisation trennt formal Person und Handlung und es wird möglich, dass verschiedene Personen eine bestimmte Stelle besetzen können und genau-so, dass eine bestimmte Person verschiedene Stellen besetzen kann. Das existenzielle Aufrechterhalten der Unterscheidung der Organisation gegenüber der Umwelt erfolgt in der Selbstbeobachtung durch die Funktion Management. „Management ist die formale Funktion der Organisation, die auf deren Mission bezogen, Existenz und Zukunftsfähigkeit verantwortet." (Kreuser 2010: 82) Die Existenz sichert Management im (missionsbezogenen, operativen) Annehmen und Erfüllen (*gehört dazu*) sowie im Ablehnen und Frustrieren (*gehört nicht dazu*) von zweckorientierten Erwartungen an die Organisation. Die Zukunftsfähigkeit sichert Management durch Vorgabe von Unterscheidungen in Form von (missionsbezogenen, strategischen) Zielen (*zukünftig dies und nichts anderes*).

## Soziales

Daneben existieren sozialen Strukturen. Diese sind teilweise deckungsgleich mit formalen Ordnungskriterien, teilweise setzen sie sich über formale Grenzen innerhalb der Organisation und die Grenze zwischen Organisation und Umwelt hinweg (was zum Teil durchaus gewollt sein kann, etwa bei intensiven Kundenbeziehungen). In Teams und Organisationen gibt es soziale Prinzipien und Emergenzen (vgl. z. B. Neidhardt 1980/1994 bzw. Varga von Kibéd 2000/2009). Die soziale Struktur ist eine Wertestruktur und nicht, wie die formale Struktur, eine Regelstruktur. Schwierigkeiten in einer Struktur können nicht durch Interventionen aus der anderen Struktur bearbeitet werden. (Wie der hilflose Versuch, soziale Konflikte durch formale Regeln zu bearbeiten oder formale Mängel durch Beziehungsarbeit zu kompensieren.) Wenn ein Mitarbeiter seine Chefin nicht mag (sozial), gibt es keine (formale) Regel, die das verändern könnte.

> *Sozial betrachtet ist Organisation eine Art und Weise, wie sich Personen, als soziale Rollenträger, mit Werten als Letztelemente aufeinander beziehen.*

Formale und soziale Struktur in der Organisation sind sich gegenseitig relevante Einflussgrößen. Spannungen können auftauchen, wenn formale Vorgaben einem oder mehreren sozialen Strukturprinzipien entgegenstehen (Beispiel: Junge Frau mit wenig Berufserfahrung, die noch nicht lang in der Organisation ist, wird Führungskraft von älterem Mann mit langer Organisationszugehörigkeit und viel Berufserfahrung). Die Funktion *Führung* entsteht als Notwendigkeit einer sozialen Struktur (Kreuser 2010: 79 f.). Führung als soziale

Emergenz und Management als formale Funktion können unterschieden werden, auch wenn sie in der Praxis in der Rolle „Führungskraft" vereint werden. Eine Trennung ist ziemlich ungewöhnlich und wird in der Regel weder von externen Beobachtern noch von den Akteuren so vollzogen. Vermischungen oder Verwechslungen von formalen und sozialen Anteilen sind sogenannte *Kontextüberlagerungen* von psychischen Strukturen. Wenn etwa der Chef ein ausgeprägtes (psychisches) Bedürfnis hat, von allen gemocht zu werden, kann es sein, dass er keine eindeutigen Entscheidungen trifft (was formal unabdingbar ist), um es möglichst allen recht zu machen (was einen sozialen Aspekt darstellt).

Leitbilder der Organisation oder Spielregeln, die sich eine Projektgruppe gibt, sind formale Versuche, sozial motivierte Bedürfnisse zu regeln. Gleiches gilt etwa für Quotenregelungen: Solche formalen Festlegungen allein machen die Organisation noch nicht frei von Diskriminierung. Formal kann für soziale Aspekte immer nur ein Möglichkeitsraum geschaffen werden. (Wie auch sozial Voraussetzungen geschaffen werden können, mit denen Formales dann anders möglich ist.) In der Distinktion der geschriebenen Werte (formal) zu den gelebten Werten (sozial) liegt die Glaubwürdigkeit der Organisation.

## Quergedacht

Bis hier kann zusammengefasst werden: Die Organisation unterscheidet sich von ihrer Umwelt. Von relevanten Interessensgruppen werden Zwecke an die Organisation herangetragen, die den Strukturprozess anregen. Die Funktion Management sorgt für die Existenz der Organisation durch Aufrechterhalten ihrer Grenze zur Umwelt, indem sie unterscheidet, wer oder was zur Organisation gehört und wer oder was nicht und welche angetragenen Zwecke erfüllt und welche frustriert werden. Es gibt eine formale Regelstruktur und eine soziale Wertestruktur, die mitwirkenden

Personen sind zugleich formale und soziale Rollenträger. Symbolisch kann das in Anlehnung an George Spencer Brown (1969/1997) so skizziert werden:

*Abbildung 11: Äußere Unterscheidung der Organisation*

Soweit sind sich die meisten Organisationstheoretiker noch einig. Spannend wird es nun, wie es unter dem Haken weitergeht. Betrachtet man Organisation ausschließlich als einen der beiden Strukturtypen, dann werden Einflüsse des anderen als Störungen oder Unschärfen auftreten. Die Frage nach der Struktureigenart von Organisation ist dann:

*Ist Organisation entweder*

*der permanente Versuch, formale Struktur zu prozessieren, der dauernd durch soziale Phänomene irritiert wird,*

*oder ist Organisation*

*der permanente Versuch, soziale Struktur zu prozessieren, der dauernd durch formale Erfordernisse irritiert wird?*

Auf der Suche nach anderen Fragen und anderen Antworten haben uns verschiedene Gedanken inspiriert: Friedhelm Neidhardt (1980/ 1994) erwähnt im Zusammenhang mit sozialen Gruppen die Notwendigkeit formaler Anteile. So braucht jede soziale Struktur formale Mindestanteile, um dauerhaft bestehen zu können (und sei es die Frage des verliebten Paars *„Zu mir oder zu dir?"*). Spontansysteme, die nach dem Auseinandergehen der Mitglieder wieder zerfallen, haben diese Anteile nicht. Das bestärkt unsere Auffassung, beide Strukturformen als gleichwirklich anzunehmen. Die beiden Strukturen schließen sich nicht aus und sind nicht ihr Gegenteil. Das Formale ist nicht das Nichtsoziale und das Soziale ist nicht das Nichtformale. Sie bilden, mit Gotthard Günther (1980) gedacht, sich nicht ausschließende oder nicht widersprechende „Gegenidentitäten".

Wir treffen auf eine Dreier-Konstellation (*Triade*) zwischen Organisation, formaler Struktur und sozialer Struktur. In triadischen Strukturen kann immer ein Element als Interpretant (als Bedeutung gebende Beziehung) zwischen den beiden anderen bestimmt werden. In unserem Fall wird also die Relation zwischen Organisation und sozialer Struktur formal interpretiert sowie die Relation zwischen Organisation und formaler Struktur sozial interpretiert.

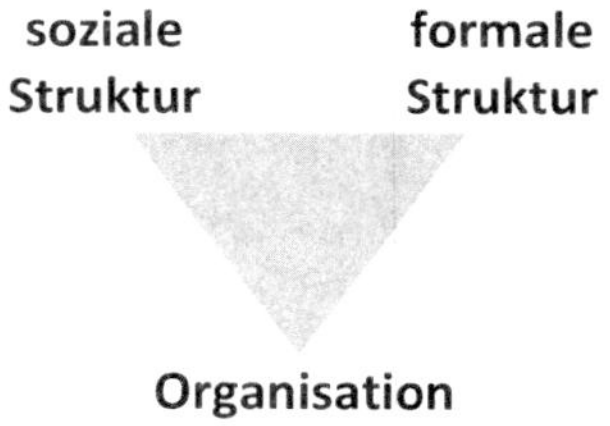

**soziale**          **formale**
**Struktur**         **Struktur**

**Organisation**

*Abbildung 12: Triadische Konstellation der Interpretanten*

Organisation schließlich interpretiert die Relation zwischen der formalen Struktur und der sozialen Struktur. Organisation ist eine interpretierende Vermittlungsinstanz zwischen diesen beiden Strukturen. Sie gibt der Relation beider Bedeutung. Über Organisation sind beide strukturell gekoppelt und die Regeln (im weiteren Sinn) der formalen Struktur sind strukturrelevante Einflussgrößen für die soziale Struktur sowie umgekehrt die Kommunikationsmedien (im weiteren Sinn) strukturrelevante Einflussgrößen für die formale Struktur sind.

Wir nehmen an, dass die Organisation formale Struktur und soziale Struktur zugleich ist. So verschmelzen die Fragen zu einer, die nicht gekürzt werden kann:

**Wie kann das Formale sozial prozessiert werden**

**und zugleich**

*wie kann das Soziale formal prozessiert werden?*

Die „Logik der Distinktionen" (Jokisch 1996) spricht von „tetradischen Ereignisrelationen" (Vierer-Konstellationen), welche „etwas" ermöglichen. Der eine Teil, die Asymmetrie schaffende (dichotome) Unterscheidung *Organisation/Umwelt* wurde bereits identifiziert. Eine symmetrische (bivalente) Differenz erzeugt die Organisation durch die Interpretation der Gegenidentitäten von *formaler Struktur/ sozialer Struktur.*

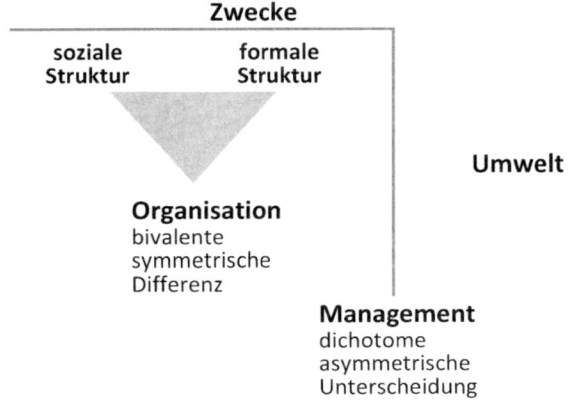

Abbildung 13: Unterscheidungen der Organisation

Die „laws of form", deren Darstellungsweise wir hier übernommen haben, kennen nur dichotome, asymmetrische Unterscheidungen. Wir erweitern den Zeichensatz sinngemäß um ein „T" für bivalente, symmetrische Differenzen. So können wir darstellen, wie Organisation möglich ist:

Abbildung 14: Organisation als tetradische Ereignisrelation

In Worten bedeutet dies eine prozessuale Antwort auf die Frage, wie Organisation in der Tetrade *System/Umwelt* und *Formales /Soziales* möglich ist:

> *Organisation ist möglich im gleichzeitigen und immer wieder neuen Herstellen*
>
> *einer (dichotomen, asymmetrischen) von der Mission bestimmten Unterscheidung von System und Umwelt*
>
> *und*
>
> *einer (bivalenten, symmetrischen) Differenz zwischen einer von Medien bestimmten sozialen Struktur und einer von Regeln bestimmten formalen Struktur.*

Organisation wird also dann hergestellt, wenn sie gegenüber der Umwelt (= alles, was nicht Organisation ist) abgegrenzt wird – aus unserer Sicht eher polarisierende Managementaufgabe – und dabei eine erkennbare Interpretation der Beziehung zwischen sozialer und formaler Struktur vorgenommen wird – nach unserer Auffassung eher integrierende Führungsaufgabe.

Einfach gesagt *machen* wir dann Organisation, wenn wir zugleich

- an der Mission orientiert eindeutig unterscheiden, welche Erwartungen erfüllt und welche frustriert werden (was also in jedem Fall zur Organisation dazugehört und was nicht),
- an der aktuellen Situation orientiert bestimmen, welche formalen Gegebenheiten und welche sozialen Aspekte in welchem Maß für diesen Fall berücksichtigt werden (auch das ist ein Erfüllen und Frustrieren und kann im nächsten Fall wieder anders sein).

## Gegengedacht

Organisation ist in ihrem Wesen als konfliktäre Struktur angelegt. Mit dem Auftauchen von Konflikten zeigt die Organisation, dass sie *ganz normal* funktioniert und man sich *deshalb* nicht um sie zu sorgen braucht. Organisation ohne Konflikt gibt es nicht. Bereits die grundlegende Unterscheidung an der Mission, was dazugehört und was nicht, das Erfüllen und Frustrieren von Erwartungen aus einem höchst diversen Umfeld führt Konflikt mit sich. Die duale Sicht und das dauernde Herstellen von Differenzierungen zwischen formaler und sozialer Struktur durch unterschiedliche Interpretationen oder Vermischungen und Verwechslungen der angenommenen Gegenidentitäten bergen ebenso Konfliktpotenzial. Organisation ist eine Beziehung zwischen formalen und sozialen Strukturen und somit auch der Konflikt sich widersprechender Strukturprinzipien und Handlungsabsichten beider.

Der Markt begrenzt Handlungsabsichten der Organisation besonders durch Wettbewerb in der Knappheit von Ressourcen und Arbeitskräften sowie durch Beschränkungen in Absatzmärkten. Bisherige Konkurrenzen können durch Fusionen und Übernahmen (*mergers & acquisitions*) in zukünftige gemeinsame Strukturen verändert werden. Unterschiedliche Strukturen, die bislang Teile gegenseitiger *Feindbilder* waren, sollen ab sofort als einheitliche Struktur der Erfüllung einer einheitlichen Mission dienen und das meist bei gesteigerten Erwartungen an Effizienz und Effektivität.

Gesellschaftliche Diskurse wie die Verantwortung von Organisationen als Arbeitgeber oder die Honorierung von Managern, ferner normative Auflagen durch Gesetze oder Regulierungsbehörden konfligieren mit organisationseigenen Handlungsabsichten.

Die instrumentelle Funktion der Organisation führt eine ständige Auseinandersetzung über Zwecke, Mittel und Ziele mit sich. Ziele sind Erwartungen der Gegenwart (aus Erfahrungen der Vergangenheit) in die Zukunft. Wie die Zukunft sich entwickeln wird, ist nicht planbar oder vorhersagbar. Deshalb wird es immer wieder Ziele geben, die nicht erreicht sein werden. Die Notwendigkeit für Veränderungen, die Vereinbarung von Zielgrößen und der Umgang mit nicht erreichten Zielen, besonders wenn mit Honorierungen verbunden, können leicht als Streit gepflegt werden. Diese Auseinandersetzung spitzt sich dann zu, wenn irrtümlich von einer direkten Steuerbarkeit der Organisation (entgegen ihrer Systemrationalität) ausgegangen und um die *richtige* Steuerung gerungen wird.

Die formale Struktur ermöglicht der Organisation, Gegensätzliches und sogar Widersprüchliches gleichzeitig zu realisieren. Damit entstehen strukturelle, sogenannte *notwendige* Konflikte, bei deren Fehlen man untersuchen sollte, ob mit der Organisation noch alles stimmt. Als klassisch gilt der strukturell notwendige Konflikt zwischen Vertrieb und Produktion: Der Vertrieb ist an Variantenreichtum der Produktpalette interessiert, um den Kunden möglichst individuelle Lösungen anzubieten. Der Produktion ist aus Gründen effizienter, kostengünstiger Prozesse eher an Standardprodukten ohne Abweichungen gelegen.

Organisation wird in der Regel zweckrational über die Erfüllung ihrer formalen Mission definiert und so von den Kapitalmärkten bewertet, honoriert und sanktioniert. Das schafft eine Asymmetrie zugunsten des Wunschs nach objektivierbaren Kennziffern, Zielen und Steuerungsgrößen. Die „*Versachlichung*" der Organisation macht vor Konflikten nicht Halt. So werden Emotionen ausgeblendet und versucht, Konflikte rein sachlich und objektiv unter Bezug auf

Kennzahlen, fremde Autoritäten, Sachzwänge und so fort zu bearbeiten. Das führt zu Diskursen um die Frage „wer hat recht?" oder „wer ist schuld?", zu rechtfertigenden Begründungen und vermehrter „Aktenführung" durch Protokolle und zu Absicherungszwängen. Für die formale Struktur gibt es nur die Vergangenheit, die durch „Aktenführung" dokumentiert ist. So sind Konflikte darüber erklärbar, was nun „ins Protokoll" aufgenommen wird und was nicht. In den Akten nicht belegte Erinnerungen von Personen konfligieren gelegentlich mit offiziellen Versionen. In sogenannten Qualitäts-Management-Systemen oder Kompetenz-Datenbanken findet diese einseitige Formalisierung der Organisation ihre Fortsetzung.

Die Möglichkeit, Erwartungen an die Organisation zu richten (wie Lohn zu erhalten), wird durch Unterwerfung unter eine *Indifferenzzone* erkauft. Ausdrücke davon sind vor allem Arbeitsverträge, Arbeitsanweisungen oder Zielvereinbarungen, also die Forderung, fremde (organisationseigene) Zwecke zu erfüllen und darin berechenbar zu sein. Das Unterschreiben eines Arbeitsvertrags ist die autonome Entscheidung, für eine entsprechende Gegenleistung auf einen Teil der eigenen Autonomie zugunsten der Organisation verlässlich zu verzichten. Normen wie das Betriebsverfassungsgesetz schützen dabei vor Willkür. Tarifverhandlungen und Mitspracherechte zeigen, dass um die Grenzen der Indifferenzzone dauernd gerungen wird und Konflikte nicht ausbleiben. Gerade für Mitarbeitende ist die so erkaufte Zugehörigkeit zur Organisation existenziell: Sie dient dem wirtschaftlichen Erhalt des aktuellen Daseins und der Vorsorge für das Alter. In der Erwartung, diese Existenzgrundlage zu erhalten (Arbeitsplatzsicherheit) oder zu verbessern (Karriere) sind Mitarbeitende oft bereit, Vermischungen und Verwechslungen formaler und sozialer Strukturaspekte hinzunehmen. Die Indifferenzzone ist rein formal begründet. Konflikte können dann entstehen, wenn versucht wird, sie auf soziale Strukturaspekte auszuweiten.

Aus Sicht einer sozialen Struktur treffen wir auf Gruppen-phänomene wie innere Zugehörigkeiten und externe Abgrenzungen. Feindbilder sind Konfliktverlagerungen nach außen, auf andere Abteilungen, Kollegen oder auch Chefs. Sie dienen dazu, von eigenen Hilflosigkeiten, Leiden, Unzulänglichkeiten oder Konflikten abzulenken und schaffen Wir-Gefühl. Sie können zu Traditionen gerinnen, die von allen gepflegt werden, auch wenn die anfängliche Ursache längst nicht mehr erinnert wird.

Gruppendruck sowie Abgrenzung nach innen (bis hin zu interner Ausbeutung, interner Unterdrückung und Mobbing), Effekte wie *free rider*, *group think*, *social loafing*, *risky shift* oder *Verantwortungs-diffusion* ergänzen diese Phänomene. Ferner muss die soziale Gruppe mit einem internen Überschuss an Selbstdarstellung umgehen können. Das wird zum Beispiel dann offenkundig, wenn Besprechungen als Forum der Eigendarstellung missbraucht werden. Verstärkt werden die Effekte durch mangelnde Alternativen zur Teilnahme an verschiedenen Gruppen (*Zwangsgruppen*), äußerem Handlungsdruck und Ressourcenknappheit (vgl. Neidhardt 1980/1994).

Führung ist eine emergente Notwendigkeit von Gruppen (Kreuser 2010). Die Herausforderung an eine Führungskraft besteht darin, der Gruppe exakt das Maß an Führung zu geben, das die Gruppe situativ braucht. Zuviel Führung erzeugt Gegendruck und bei Mängeln entsteht *informelle Führung* als Kompensationswirkung. Beides ist konfliktär und wird verstärkt, wenn der Führungskraft die soziale Anerkennung durch die Gruppe fehlt und (soziale) Führung allein aus der formalen Stellung abgeleitet ist. Die *Führungslücke* tritt auch dann auf, wenn beispielsweise Projekt-leitungen nicht oder nicht ausreichend mit der Ressource formaler Macht ausgestattet sind und dies durch sozialen Einfluss kompensiert werden soll („*motivieren Sie einfach Ihre Leute besser*").

Durch die Trennung von Person und Funktion und damit verbundene Umbesetzungen von Stellen kommt es immer wieder zu neuen Konstellationen von Macht. Wird ein bisher symmetrisches Machtverhältnis (Kollege-Kollege) asymmetriert (einer der beiden wird Führungskraft des anderen), kann dies zu Konflikten führen, besonders dann, wenn um die Besetzung der Führungsposition ein Verteilungskonflikt zwischen den beiden herrschte oder beide sich (aus menschlichen oder fachlichen Beweggründen) schlicht nicht mögen und akzeptieren. Ähnliches kann in anderen Arbeitsformen wie Projektarbeit erwartet werden, wenn eine ansonsten asymmetrische Machtverteilung (Chef-Mitarbeiter) in einer Projektgruppe symmetriert wird (beide sind gleichberechtigte Mitglieder der Projektgruppe).

Die Psyche ist der Organisation unzugänglich. Gleichzeitig bedient sich die Organisation der Wahrnehmungen, Entscheidungen und Handlungen von ausdrücklich bestimmten Personen und lässt sich diese als ihre zuschreiben. Das bedeutet, dass alle formalen und sozialen Festlegungen der Organisation von psychischen Strukturen abhängen, die der Organisation nicht zugänglich sind. Der Unterschied zwischen erwünschter Objektivität und tatsächlichen Subjektivitäten der Entscheider sowie von Entscheidungen Betroffener kann Konflikte hervorbringen. Das gilt verstärkt dann, wenn daneben *politische* Einflüsse (bei denen es um Macht und nicht um Nützlichkeit für die Organisation geht) oder ausschließlicher shareholder value (bei dem es um Kapitalrendite geht) die Entscheidungen beeinflussen.

Alle diese Erscheinungen, die wir hier nur andeuten können, führen Konfliktwahrscheinlichkeiten mit sich. Darüber hinaus ist die verminderte Arbeitsfähigkeit von Personen und Gruppen, wenn sie ihre Konflikte pflegen, Anlass zu weiteren Konflikten. Unser Fazit:

**Organisation ohne Konflikt ist nicht erhältlich.**

## Nachgedacht

Es bleibt die Frage, wozu diese Erkenntnis in unserer Arbeit nützlich ist. In der Beratung und Begleitung sind unsere Klientinnen und Klienten Organisationen, die durch Personen repräsentiert sind. Diese haben ihre eigene Sicht auf Organisation entworfen. Die Annahme der Gleichwirklichkeit und Gleichwertigkeit formaler und sozialer Strukturen lässt uns diese Sichtweisen respektieren, ohne sie mit missionarischem Eifer verändern zu wollen. Das Einnehmen anderer Perspektiven bietet dann Ergänzungen statt Ersetzungen von bestehenden Sichtweisen.

Die Unterscheidung von Führung und Management ist hilfreich, wenn die Aufgabe besteht, für Rollenklarheit bei Führungskräften zu sorgen. Diese sollen einerseits die Funktion Management als formal missionsbezogenes Polarisieren wahrnehmen, andererseits durch Führung zu sozial organisationsbezogenem Integrieren fähig sein. Eine Ergänzung durch *Leadership* (Kotter 2001) im Sinn motivationaler und inspirierender Aspekte halten wir für einen versuchten Zugriff auf die Psyche. Dies ist für die Organisation weder notwendig noch möglich und deckt vielfach eher Sehnsüchte.

Es geht ferner darum, Probleme in derjenigen Struktur zu erkennen und zu bearbeiten, in der sie bestehen. Dabei ist wichtig zu erinnern, dass Lösungen immer auch der Interpretation durch die andere Struktur standhalten und sich an der Mission (den Daseinszweck) der Organisation messen lassen müssen. Nicht alles, was generell formal oder sozial machbar ist, ist für eine bestimmte Organisation auch möglich.

Der Situationsanalyse und Bildung erster Arbeitshypothesen förderlich ist eine Einschätzung der Relation von formaler und sozialer Struktur. Insgesamt ist, so die Annahme, eine der Organisation und der jeweiligen Situation angemessene symmetrische Balance zwischen beiden zu finden. Keine von beiden darf zulasten der anderen dauerhaft überrepräsentiert sein.

*Dr. Karl Kreuser*

*Zurück zur Praxis*

Dank an Karl Kreuser für diesen Ausflug in die Welt der Wissenschaft. Mit seinem Beitrag definiert er die Basis unserer Sicht auf Organisation, und erklärt den wissenschaftlichen Hintergrund, der zum Titel dieses Buches geführt hat. Die nun folgenden Darstellungen zeigen die praktische Relevanz dieser Denkwelt.

# Konflikt gedacht

Ausgangspunkt unserer gedanklichen Reise ist die seit vielen Jahren anzutreffende Diskrepanz zwischen Angebot und Nachfrage von Mediation. Zahlreiche bestens ausgebildete Mediatoren stehen vor einem Markt, der ihre Dienstleitung wenig bis gar nicht anfragt. Wer eine Mediation erlebt hat, weiß um ihre Nützlichkeit und wird diese Form auch wieder nutzen. Von dieser Nützlichkeit sollen auch diejenigen erfahren, die Mediation noch nicht kennen. Folgerichtig muss für diese Dienstleistung geworben werden. Doch diese Werbung erweist sich als schwierig. Wie lässt sich der Wesenskern von Mediation so attraktiv darstellen, dass er eine *„Kaufhandlung"* erzeugt? Die Internetsuche nach Mediation ergibt über 40 Millionen Treffer, vier Millionen davon auf deutschen Internetseiten. Sucht man nach einer Definition von Mediation, eröffnet sich ein ebenso weites Feld. Größte Übereinstimmung gibt es in der Darstellung, dass Mediation etwas mit der Lösung von Konflikten, also der Herstellung von Konsens, zu tun hat. Diese Sichtweise haben wir auch viele Jahre vertreten. Aber im Laufe der Zeit und mit zunehmender Erfahrung zweifelten wir immer mehr daran, ob die Darstellung, dass Mediation ein Verfahren zur Konsensherstellung sei, tatsächlich zutreffend ist. Inzwischen haben wir Klarheit.

## Mediation ist nicht Herstellung von Konsens

Wir haben viele Menschen in Organisationen bei der Bearbeitung ihrer Konflikte begleitet. Bei manchen der Konflikte konnte Konsens erreicht werden, bei anderen nicht. Dabei stellen wir uns immer wieder die Frage, woran wir und unsere Kunden erkennen, dass wir eine gute Arbeit geleistet haben. Wenn für die Ermittlung von Qualität die Beantwortung der Frage erforderlich ist, ob ein Konflikt zum Konsens geführt wurde oder nicht, dann war weniger als die

Hälfte unsere Arbeit erfolgreich. Trotz dieser „*verheerenden*" Bilanz wurden wir immer wieder angefragt. Wie passt das zusammen? Die Antwort kann nur lauten, dass es etwas geben muss, das weitaus wichtiger ist, als die Herstellung von Konsens (Konfliktlösung). Zu dieser Annahme passt auch die Feststellung des vorherigen Kapitels, dass Organisation Konflikt ist. Wären wir hier mit dem Bestreben der „*Konflikt-Lösung*" erfolgreich, würden wir genau das (auf-)lösen, was Organisation ausmacht. Keine Organisation würde uns für diese Dienstleistung bezahlen, denn sie wäre ein wahrer Bärendienst.

Wegweiser bei unserer Suche nach dem, was genau Mediation attraktiv sein lässt, ist die Denkwelt von Strukturen (System), ihren Elementen (Personen) und deren Relationen (Beziehungen). Damit lässt sich genau das beschreiben, was sich in einer Mediation zeigt: Die Konfliktstruktur.

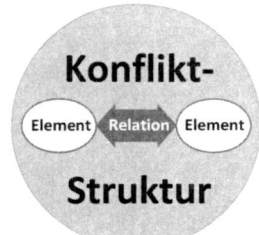

*Abbildung 15: Konfliktstruktur*

Wie schon beim Blick auf Organisation erhalten wir damit eine wertneutrale Betrachtung des Phänomens „*Konflikt*", aus der wir eine Konfliktdefinition ableiten, die sowohl wissenschaftlich fundiert ist (Kreuser, Erpenbeck, Robrecht 2011) und dabei gleichzeitig auch sehr einfach merkbar mit praxistauglicher Handlungsorientierung für Beratung, Führung und Mediation.

## Eine mediationstaugliche Definition von Konflikt

Das Unangenehme von Konflikten wirkt sich in der Veränderung der zwischenmenschlichen Beziehungen aus. So können zwei Kollegen jahrelang gut miteinander arbeiten, bis es eines Tages zum Konflikt zwischen ihnen kommt. Dieser Konflikt kann so belastend sein, dass die Kollegen in Zustände gelangen, bei denen ihnen ihre Kompetenzen (Fähigkeiten und Bereitschaften) abhandenkommen. Sie befinden sich dann einem anderen Handlungsmodus (*„state of mind"*, Kreuser 2011a).

Konfliktparteien, die sich im *„state of mind"* von *„instinktiv"* befinden, kann mit Mediation wenig bis gar nicht geholfen werden. Um in diesem Handlungsmodus die Spirale der Eskalation zu stoppen, ist ein Machteingriff die erforderliche Intervention Dritter. Im *„state of mind"* von *„schwierig"* finden Konfliktparteien durch die Mediation in einen normalen Handlungsmodus zurück.

| „state of mind" | Normal | Schwierig | Instinktiv |
|---|---|---|---|
| Bezeichnung nach Anatol Rapoport | Debatte | Spiel | Kampf |
| Kennzeichen nach Karl Berkel | Die andere Partei gilt als Partner, der überzeugt werden soll | Die andere Partei gilt als Gegner, der besiegt werden soll | Die andere Partei gilt als Feind, der ... vernichtet werden soll |
| Elemente nach Friedrich Glasl (Die neun Stufen der Konflikteskalation) | 1 Diskussionen 2 Zusammenstöße 3 Verhärtung | 4 Koalitionen 5 Gesichtsverlust 6 Drohungen | 7 Ausgrenzung 8 Zerstörungsschläge 9 Totale Vernichtung |

*Übersicht 16: Idealtypische „states of mind"*

Wenn auch emotional belastete Menschen nicht mehr über alle ihre Kompetenzen verfügen, wollen wir nicht die Menschen verändern, sondern nur ihren erlebten Leidensdruck. Dieser entsteht durch die Belastung der Beziehung, also der sozialen Relation der Elemente. Wenn der Leidensdruck reduziert wird, tritt Entspannung ein. Dann

sind sie wieder in einem Zustand, in dem sie über ihre vollen
Kompetenzen verfügen. Ob und wie sich Menschen in Konfliktsituationen verändern, ist für
eine wertneutrale Betrachtung ohne Bedeutung, ja sogar eher
schädlich. So gehen wir davon aus, dass in einem Konflikt die
Elemente die Gleichen bleiben und unverändert sind. Diese Einstellung gegenüber den Menschen in Konfliktsituationen halten wir
für sehr respektvoll und gleichermaßen nützlich für eine Gestaltung
einer stimmigen Form von Beziehungen.

Trotzdem ist diese Betrachtungsweise unüblich. Sehr häufig treffen
wir bei Konfliktparteien die wechselseitigen Forderungen an, die
auf eine Veränderung der Elemente abzielen: *„Wenn Du anders
wärst, ginge es mir besser"*.

Hier wird die Identität des Elements oder auch Identitätsmerkmale
als **das** Problem identifiziert. Diese Sicht auf Konflikte ist vielen
Menschen vertraut. Damit scheint klar, dass ein Element der Urheber und der Verursacher des Konflikts ist. Das ist höchst nützlich,
denn dadurch wird die Lösung denkbar einfach: Es muss sich *„nur"*
das Element verändern, dann ist alles wieder in Ordnung. Doch der
Versuch, über eine Veränderung der Elemente nachhaltige Konfliktlösung zu erreichen, führt immer wieder zum Scheitern. Statt
Lösung erfolgt im günstigsten Fall Stagnation, meist jedoch Eskalation. Wer lässt sich schon gern vorschreiben, dass er sich verändern
müsse? Diese Sichtweise auf Konflikte übersieht ein Wesensmerkmal des Elementes **Mensch**: Es ist noch nie gelungen,
Menschen nur durch äußere Impulse nachhaltig zu verändern. Der
Mensch entscheidet allein über seine Veränderung. Das setzt eine
innere Bereitschaft voraus. Äußere Impulse können eine innere Resonanz erzeugen. Doch auch hier bleibt die Entscheidung, ob dieser
äußere Impuls eine innere Veränderungsbereitschaft fördert oder
behindert, im Inneren verborgen. Menschen sind eben keine Billardkugeln, die durch zielgerichtete Impulse vorhersagbare Wege
gehen. Wenn eine Veränderung von Konfliktsituationen erfolgen

soll, unterlassen wir Veränderungsversuche der Menschen. Stattdessen konzentrieren wir uns auf die Veränderung der sozialen
Beziehung zwischen den Menschen.

*Generell und erst recht als Führungskräfte oder Berater können*
*wir nur Relationen verändern, nicht die Elemente. Das Verän-*
*dern von Elementen würde etwa so funktionieren: Ich hacke Dir*
*ein Bein ab, weil es mich ärgert, dass Du schneller läufst als ich.*

Die logische Konsequenz dieser Betrachtung besteht darin, dass wir
uns in Konflikten auf die Relation der Elemente fokussieren.

Nun gilt es die Frage zu beantworten, wodurch die Relationen der
Elemente beeinflusst werden. Dazu nutzen wir einem weit gefassten
Handlungsbegriff. Handlungen erzeugen Realitäten, die Einfluss
auf Relationen nehmen.

Wie Paul Watzlawick (1983) mit seiner *„Geschichte mit dem Hammer"*
zeigt, reicht auch eine vermutete und nicht vollzogene Handlung
aus, um Relationen zu beeinflussen. Somit wirkt bereits eine Handlungsabsicht auf die Relationen zwischen Elementen, ohne dass die
Klärung erforderlich wäre, wie real die Handlungsabsicht ist.
Ebenso spielt die Differenz zwischen Absicht und Umsetzung einer
Handlung keine Rolle. Eine vermutete Handlungsabsicht erzeugt
die gleiche Wirkung, wie eine real vollzogene Handlung.

Doch Handlungsabsichten allein reichen noch nicht aus, um die
Relationen zwischen Elementen zu erfassen.

*„Gehst Du mit mir ins Kino?" - „Nein, ich lese ein Buch."*

Hier stehen sich unterschiedliche Handlungsabsichten gegenüber,
ohne dass eine Aussage über die Relation möglich ist. Was fehlt, ist
eine die Bewertung der Handlungsabsicht durch die Elemente, also
eine Resonanz.

*„Gut, dann gehe ich alleine ins Kino" „Ok. Ich wünsche Dir viel*
*Vergnügen".*

Diese Resonanz zeigt eine Akzeptanz der unterschiedlichen Handlungsabsichten. Es könnte aber auch anders aussehen:

*„Du hast es mir aber letzte Woche versprochen, dass wir mal wieder etwas gemeinsam unternehmen. Jetzt drückst Du dich wieder!" – „Dass Du immer rummeckern musst – lies doch auch mal ein Buch!"*

Hier wird nun die Belastung der Relation durch die unterschiedlichen Handlungsabsichten deutlich. Diese Belastung entsteht durch das Erleben einer Begrenzung der eigenen Handlungsabsicht. Aus dieser Betrachtungsweise ergibt sich unsere einfache Konfliktdefinition:

**Definition von Konflikt:**

**1) Es gibt unterschiedliche Handlungsabsichten**

**2) Diese werden als Begrenzung erlebt**

Praktische Bestätigung dieser Definition finden wir in der Mediation. Es geht immer um die Suche nach dem, um was es unter der sichtbaren Oberfläche wirklich geht und was den Menschen wirklich wichtig ist. Diese Suche führt letztlich immer zu unerfüllten Bedürfnissen und bedrohten Werten. Die dabei erlebte Bedrohung wird als real erlebt unabhängig davon, wie eine andere Person diese Realität bewertet. Entscheidend ist einzig und allein das individuelle Erleben. Es ist wirksam und damit auch Realität. Das Entstehen von Realität setzt Handlungen oder Handlungsabsichten voraus, denn erst diese erzeugen die Realität.

Wenn also eine Handlungsabsicht das wirklich Wichtige (Bedürfnisse oder Werte) bedroht, wird eine Begrenzung erlebt. Daraus folgt ein Leidensdruck, der nach Linderung sucht. Dieser Leidensdruck kann so groß sein, dass er die Fähigkeit und Bereitschaft, mit dem Konflikt in einer kompetenten Form umzugehen, stark einschränkt oder verhindert. Wenn also jemand etwas macht, das meine Handlungsabsicht begrenzt, dann habe ich einen Konflikt.

Da in unserer Denkwelt von Strukturen, Elemente und Relationen ein Konflikt etwas völlig Normales ist, leitet sich aus der Existenz eines Konflikts weder ein Lösungszwang noch die Erfordernis einer Intervention einer dritten Partei ab. Wenn ich mich in einer Konfliktsituation befinde, und eine unbeteiligte Person würde ohne meine Zustimmung versuchen mir zu helfen, dann würde ich mich dagegen wehren. Deshalb ist eine Drittintervention ohne Einverständnis der Konfliktparteien ein grenzüberschreitender Machteingriff in meinen Konflikt. In bestimmten Ausnahmesituationen kann ein ebensolcher Machteingriff durchaus legitim sein. Doch diese spezielle Situation gilt es zu unterscheiden von anderen Situationen, in denen ein Machteingriff eine überzogene Intervention und unangemessene Einmischung darstellt. Die spannende Frage, wie dieser Unterschied genau erkennbar wird, werden wir im zweiten Teil beantworten.

## Konflikt und Zustand

Zunächst richten wir den Blick auf die Zustände, in welche die Konfliktstruktur, also die Konfliktparteien und ihre Beziehung zueinander, durch den Konflikt gelangt.

Diese Unterscheidung der Zustände ist deshalb nützlich, weil die Differenzierung von Konfliktstruktur und Zustand den Blick freigibt auf weitere Wege zur Reduzierung des Leidensdrucks, der durch die *Art* der Konfliktaustragung erzeugt wird. Darüber hinaus wird deutlich, dass jeder Zustand eine andere Intervention Dritter verlangt, sofern eine Zustandsänderung gewollt ist. Die Unterscheidung der drei Zustände erfolgt über die Beantwortung von zwei Fragen nach dem Veränderungswunsch und seiner Realisierbarkeit:

*1. Soll der Zustand aus Sicht mindestens eines Beteiligten verändert werden?*

*2. Wie wird die Realisierung der Veränderung durch die Beteiligten eingeschätzt?*

Diese Fragen erfordern keine objektive oder gar absolute Antwort.
Entscheidend ist allein das subjektive Erleben des Einzelnen.

## Zustand Lösung

Es kann es sein, dass es für diesen, durch den Konflikt hergestellten
Zustand, einen Veränderungswunsch gibt. Dieser könnte als sehr
leicht realisierbar eingeschätzt werden, wie es im Alltag häufig der
Fall ist. Diese Leichtigkeit lässt die Betroffenen selten bewusst
wahrnehmen, dass sie soeben einen Konflikt gelöst haben.

*„Würden Sie mir bitte bis Mittag die Monatszahlen zusammen-
stellen?" „Oh ja, selbstverständlich, das mache ich sofort, obwohl
ich sehr knapp in der Zeit bin und eigentlich erst meine Emails
beantworten wollte".*

Ein kurzer Dialog der Konfliktparteien über die erlebte Begrenzung
durch unterschiedliche Handlungsabsichten und schon wird der
Veränderungswunsch erfüllt. Diesen Zustand nennen wir *Lösung*.
Die Lösung bezieht sich auf den Wunsch nach Veränderung des Zu-
stands, nicht zwingend auf die Veränderung des Konflikts. Uns ist
es wichtig, zu betonen, dass auch bei unlösbaren Konflikten, bei
denen kein Konsens möglich ist, die zwischenmenschliche
Beziehung (Relation der sozialen Struktur) im Zustand *Lösung* sein
kann. Denkbar ist, dass es weiterhin unterschiedliche, begrenzende
Handlungsabsichten gibt, keiner der Beteiligten jedoch diesen
Zustand als „Not" empfindet: *„Wir sind uns einig, dass wir in diesem
Punkt uneins sind und das ist für uns so in Ordnung"*. Beispielsweise
kann ich als Steuerzahler die Forderungen des Finanzamts als
Begrenzung erleben. Diese Forderungen stehen der Umsetzung
meiner Idee, was ich mit dem Geld anfangen könnte, im Weg. Unter
der Rahmenbedingung, dass ich weiterhin mein Geld in Deutschland
verdiene, ich also diesen Kontext nicht verlasse, habe ich einen
Konflikt, den ich nicht ändern kann. So leiste ich meine geforderten
Steuerzahlungen, ohne den Konflikt zu lösen. Nur die Relation

zwischen dem Finanzamt und mir befindet sich im Zustand Lösung, da ich meine Steuerschuld beglichen habe. In der Regel geht es jedoch darum, den Konflikt, der ja Ursache für die momentane Not ist, zu lösen. Lösung ist ein Zustand, den keiner verändern will oder in dem notwendige Veränderungen möglich sind.

Im Zustand *Lösung* sind die Konfliktparteien im Vollbesitz ihrer Konfliktkompetenz, die ihnen einen *gelösten Umgang* mit ihrem Konflikt ermöglicht.

*An dieser Stelle wird die Doppeldeutigkeit des Begriffs Lösung deutlich. Wir meinen damit den gelösten Umgang, nicht aber den gelösten Konflikt. Wie im Vorwort erwähnt, nutzen wir stattdessen den Begriff „Konsens".*

### Zustand Problem

Wird jedoch der Veränderungswunsch als schwer oder gar nicht realisierbar eingestuft, dann entsteht ein Zustand, den wir *Problem* mit dem Konflikt nennen.

> *„Würden Sie mir bitte bis Mittag die Monatszahlen zusammenstellen?" „Nein, kommt nicht infrage, weil ich sehr knapp in der Zeit bin und meine Emails beantworten will".*

Für die Veränderung dieses Zustands kommen in Organisationen typische Interventionen Dritter wie Coaching, Mediation, Teamentwicklung oder auch Führungsgespräch zum Einsatz. Diese Interventionen sind in diesem Zustand meist sehr erfolgreich. Bei den anderen Zuständen bleiben diese Interventionen meist erfolglos.

Im Zustand *Problem* ist den Konfliktparteien der Zugang zu ihrer Konfliktkompetenz versperrt. Sie zeigen einem *problematischen Umgang* mit ihrem Konflikt.

## Zustand Symbiose

Die dritte Form entsteht, wenn es für den durch den Konflikt hergestellten Zustand gar keinen Veränderungswunsch gibt. Wir lösen oft
Verwunderung aus, wenn wir diese Möglichkeit ansprechen. *„Wie
kommen Sie denn auf so eine komische Idee?"* hören wir unser Gegenüber
fragen. Diese komische Idee entspringt unserer Beratungspraxis. Dort
erleben wir sehr oft fehlende oder halbherzige Veränderungswünsche.
In solchen Fällen sinkt die Erfolgsaussicht jeder Beratungstätigkeit,
weil hier eine der Fallgruben zur Erfolgslosigkeit weit offen steht.
Deshalb ist es uns wichtig, den Blick für *Symbiosen* zu schärfen.

*„Der mit seiner Emailbearbeitung schafft es niemals, mir bis Mit-
tag die Monatszahlen zu liefern. Aber ich sag lieber nichts, sonst
brüllt er mich vielleicht an, der schaut schon wieder so grimmig."*
*„Komisch dass er schweigt, will er nicht die Monatszahlen von
mir? Nun, wenn er nichts sagt, dann mach' ich auch nichts, ich
bin sowieso in Eile ..."*

Für das Fehlen des Veränderungswunsches kann es viele gute Gründe
geben. So könnte es sein, dass jemand gut mit der Begrenzung leben
kann und gar keine Motivation verspürt, den für eine Veränderung
erforderlichen Aufwand zu betreiben. Ein weiterer guter Grund kann
darin bestehen, dass die Existenz des Konflikts für eine Konfliktpartei
einen Nutzen hat, auf den sie nicht verzichten will. Solche Nutzen
können viele Ausprägungen haben: Ablenkung von Themen, die noch
unangenehmer wären, als Zuwendung erlebte Aufmerksamkeit, die
es ohne den Konflikt nicht gäbe oder auch Lust am Kampf und Auseinandersetzung. Ein anderer Grund für einen nicht vorhandenen
Veränderungswunsch kann darin bestehen, dass die Angst vor der
Auseinandersetzung und ihren Folgen so groß ist, dass die Betroffenen lieber die Finger davon lassen. Auch das Gegenteil ist möglich
und trifft für hocheskalierte Konflikte zu, bei denen sich die Lösungssuche auf die Vernichtung des Gegners beschränkt. In all diesen Fällen
bleibt der Konflikt erhalten, weil es keinen Veränderungswunsch gibt,

obwohl eine gewisse „*Not*" verspürt wird. Alle diese Zustände nennen wir **Symbiose**.

Im diesem Zustand bietet die Auseinandersetzung mit dem Konflikt irgendeinen verdeckten Gewinn, der den Konfliktparteien eine Veränderung dieses Zustands unmöglich macht. Der verdeckte Gewinn ist selten sofort erkennbar und auch den Konfliktparteien nicht immer bewusst. Die Sängerin Anette Lousian beschreibt in ihrem Lied „Die Lösung" den Zustand der Symbiose mit dem Text *„geh' mir weg mit deiner Lösung - sie wär' der Tod für mein Problem …".*

# Der Konfliktkreis

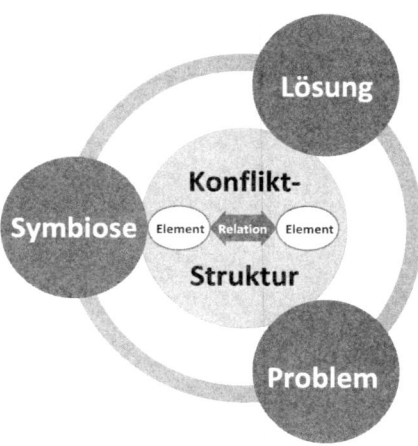

*Abbildung 17: Der Konfliktkreis*

Voraussetzung für den Erfolg von Interventionen ist das Erkennen von Symbiosen. Besonders Organisationen bieten einen guten Nährboden für Symbiosen, welcher durch falsch verstandene Führungsverantwortung zusätzlichen Dünger erhält. Gleichzeitig ist der Verzicht, Menschen verändern zu wollen, eine sehr hilfreiche Voraussetzung für das Erreichen eines entspannteren Umgangs mit Konflikten, insbesondere im Umgang mit unlösbaren Konflikten. Wo diese Entspannung gelingt,

erhält ergebnisorientiertes Handeln den Vorrang. Dadurch werden
Ziele leichter und schneller erreicht und Organisationen erfolgreicher.
Mit dieser Sichtweise auf den Konfliktkreis mit seiner Konfliktstruktur
können wir drei verschiedene Zustände beschreiben, welche durch
die Konfliktparteien erzeugt werden. Wir können eine Veränderung
unerwünschter Zustandsformen erreichen, ohne dafür die Elemente
verändern zu müssen. Dieser Ansatz wird auch getragen durch die
Grundannahme der Mediation, dass Konfliktparteien die Lösung
von Konflikten in sich tragen.

## Attraktivität und Nutzen von Mediation

Nun wird deutlich, worin die Attraktivität von Mediation oder media-
tivem Handeln besteht. Die Lösung von Konflikten ist dabei eine
mögliche Nebenerscheinung, die durchaus erwünscht aber
keinesfalls erforderlich ist. Viel wichtiger ist die Reduzierung des
Leidensdruckes, der durch die Arbeit an der Beziehung der Konfliktparteien erfolgt. So lässt sich auch unser Beratungserfolg trotz
des geringen Anteils an Herstellung von Konsens erklären: Wir
reduzieren Leidensdruck. Das geht nur im Zustand **Problem**. Die
Reduzierung des Leidensdrucks erfolgt dadurch, dass die Konfliktparteien durch die Mediation mögliche Auswege aus ihrem Leid
entdecken, und diese dann auch gehen können. Somit ist Mediation
nur indirekt ein Verfahren zur Bearbeitung von Konflikten und auch
nur indirekt ein Verfahren zur Herstellung von Konsens. Mediation
ist vielmehr ein Verfahren zur Bearbeitung der durch Konflikte
verursachten Problemzustände der sozialen Struktur mit dem Ziel,
diese in einen Zustand der Lösung zu überführen. Stark vereinfacht
ausgedrückt ist Mediation *Beziehungsklärung mit dem Ziel,
Leidensdruck zu reduzieren.* Verbunden ist damit die Entdeckung
neuer Wege des Umgangs mit dem Konflikt. So verhilft Mediation
zur Entwicklung von Konfliktkompetenz.

## Das Konflikt-Interventionsmodell

Als ein „*Nebenprodukt*" unserer Suche nach Antworten auf die Attraktivitätsfrage von Mediation ist eine neues, einfaches und wissenschaftlich fundiertes Konflikt-Interventionsmodell mit hoher praktischer Relevanz für die Mediation entstanden.

Zwei einfache Fragen stellen fest, ob ein **Konflikt** vorliegt (*unterschiedliche Handlungsabsichten, die als Begrenzung erlebt werden*). Werden beide Fragen bejaht, gibt es zwar einen Konflikt, aber es ist noch keine Aussage über den Leidensdruck möglich. Dafür richten wir die Aufmerksamkeit auf den Zustand der zwischenmenschlichen Beziehung der Konfliktparteien. Zwei weitere Fragen (*vorhandener Änderungswunsch und seine Realisierbarkeit*) geben uns Auskunft über den Zustand dieser Beziehung.

Wenn es einen Veränderungswunsch gibt, ist zu prüfen, wie schwer seine Realisierbarkeit eingeschätzt wird. Bei leichter Realisierbarkeit existiert kein oder nur geringer Leidensdruck und die Beziehung befindet sich im Zustand *Lösung*. Wird die Realisierung als schwer bis unmöglich eingeschätzt, gibt es einen hohen Leidensdruck und die Beziehung befindet sich im Zustand **Problem**.

Wenn es jedoch keinen Wunsch nach Veränderung gibt, dann gibt es auch keinen oder nur geringen Leidensdruck und die Beziehung befindet sich im Zustand **Symbiose**.

Für die Veränderung von **Symbiosen** sind Veränderungsimpulse erforderlich. Innere Impulse sind durch den geringen Leidensdruck viel zu schwach und wirkungslos. So braucht es meist kraftvolle Impulse von außen. Das kann ein offenes und ehrliches Feedback einer wichtigen und vertrauten Person sein, aus dem sich ein Umdenken entwickeln kann. Es kann sich bei diesen äußeren Impulsen aber auch um eine Intervention des Kontexts durch Machteingriff handeln, welche den Leidensdruck erhöht und dadurch einen Veränderungswunsch herbeiführt. Dafür müssen gewisse Voraussetzungen gegeben sein, die wir im zweiten Teil dieses Buches aufzeigen. Schließlich gibt es aber auch Symbiosen, bei denen der Machteingriff des

Kontexts nicht möglich ist. Diese Symbiosen stabilisieren sich selbst oder landen irgendwann doch vor Gericht, wie beispielsweise bei Nachbarschaftskonflikten, Erbstreitigkeiten, Rosenkriege und viele mehr. Diese Arbeitsfelder der Mediation erfordern einen besonders wachen Blick für Symbiosen und ein besonders ausgeprägtes Fingerspitzengefühl, um die Umwandlung einer Symbiose zum Problem oder Lösung zu ermöglichen. Gelingt diese Umwandlung der Symbiose nicht, bleibt auch die Mediation erfolglos.

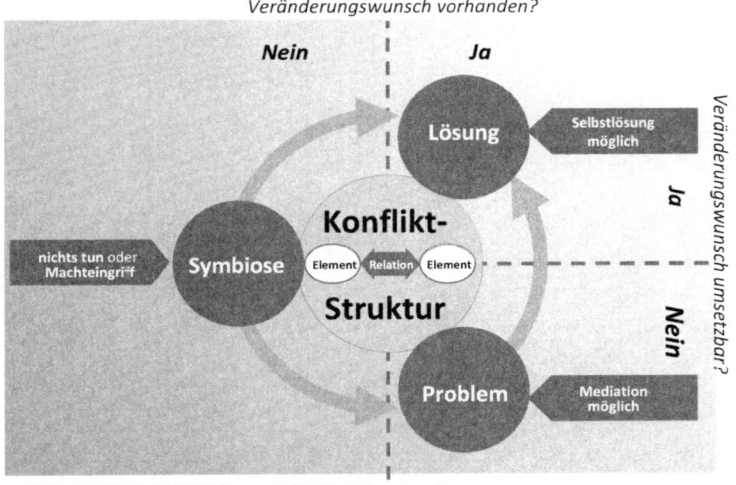

*Abbildung 18: Konfliktinterventionsmodell*

Damit wird klar, dass eine Drittintervention nur dann gelingen kann, wenn zuvor Klarheit über den Zustand der zwischenmenschlichen Beziehung erreicht wurde. Alle weiteren Aspekte der Konfliktanalyse halten wir fachlich für durchaus interessant. Für die Wiederherstellung der Konfliktkompetenz der Konfliktparteien, dem Wesenskern der Mediation, halten wir jede weitere Analysen für eher unerheblich.

# TEIL II: BESTANDTEILE

In diesem Teil beleuchten wir die Baustoffe, mit denen Organisationen konstruiert werden. Die Kenntnis ihrer Eigenschaft bietet Handelnden in allen Funktionen und Rollen wertvolle Orientierung, um im Sinne der Organisation erfolgreich zu agieren. So werden die funktions- und rollenbedingten Handlungsgrenzen und Handlungsräume von Beratern und Entscheidern deutlich, deren Außerachtlassung Erfolge verhindern. Für die Beurteilung des Erfolges von Beratungsleistung brauchen alle Beteiligte größtmögliche Auftragsklarheit. Sie ist Voraussetzung für eine fruchtbare Kooperation von Beratern und Entscheidern. Dafür richten wir unsere Aufmerksamkeit auf drei Ebenen: Die Beachtung der *Mission*, d. h. des Daseinszwecks einer Organisation, die Betrachtung der erforderlichen *Funktionen*, die der Erfüllung der Mission dienen und die Klärung der *Kompetenzen*, die erforderlich sind, die Funktion auszuüben.

Mit Kompetenzen meinen wir nicht die formale Macht und Befugnisse aufgrund einer bestimmten Position in einer Hierarchie. Diese ordnen wir den Funktionen zu. Mit Kompetenz meinen wir die Fähigkeiten und Bereitschaften aller Beteiligten zu selbstorganisiertem Denken und Handeln.

Wenn es gelingt, den Erfordernissen der drei Elemente gerecht zu werden und diese auch zu sichern, ist bereits ein großer Teil des Beratungserfolges garantiert. Im Umkehrschluss bedeutet dies, dass das Ignorieren dieser Elemente die Erfolgschancen einer Beratungstätigkeit deutlich reduzieren. Deshalb sind die Elemente Mission, Funktion und Kompetenz von existenzieller Bedeutung für jede Prozessberatungstätigkeit. Darüber bietet diese Betrachtungsweise von Organisationen ihren Entscheidern eine wirksame Reflexionshilfe.

*Abbildung 19: Drei Perspektiven für die Beratung in Organisationen*

## Mission

Für die Beschreibung der Identität einer Organisation dienen Leitbilder mit ihren Aussagen über Vision, Mission und Werte. Die
Vision ist die Beschreibung eines idealen Zustands in der Zukunft
oder auch die zentralen Elemente auf dem Weg zu diesem Ideal-
zustand. Die Vision haben wir in unserer Darstellung als Erfolg
bezeichnet, den es durch Handlungen zu erreichen gilt. Getragen
werden diese Handlungen von Werten, die gelebt und auch
beschrieben werden. Dabei ergeben sich *„natürliche"* Differenzen
zwischen geschriebenen, gelebten und erlebten Werten, die Spannungen erzeugt. Der Umgang mit diesen Spannungen kann entwicklungsfördernd oder entwicklungshindernd sein. Mediatives
Handeln wirkt eher entwicklungsfördernd, weil es im Schwerpunkt

zwischen Handeln und Erleben vermittelt. Im dritten Teil dieses
Buches gehen wir auf diese Form näher ein. In unserer Betrachtung
konzentrieren wir uns auf die Mission. Sie beschreibt den wesentlichen Zweck und Auftrag der Organisation. Sie legt dar, warum
eine Organisation existiert. Somit ist die Erfüllung der Mission
existenzielle Grundvoraussetzung für jede Organisation. Diese
erfordert die umfassende Beantwortung der Frage nach dem Zweck
ihrer Existenz für ihre Gründer und Kapitalgeber, dann aber auch
der Funktion für ihre Beschäftigten, Kunden und ihre Lieferanten.
Der Zweck wird durch das Erfüllen von Funktionen erreicht.

## Daseinszweck

Was ist der Daseinszweck einer Organisation? Diese Frage scheint
so banal, dass sie leicht übersehen wird. „Was gibt es denn da zu
betrachten? Es ist doch klar!", werden Sie vermutlich denken: „Ein
Bäcker sorgt für Versorgung der Menschen mit bestimmten Grundnahrungs-
mitteln, ein Waschmittelhersteller für das Ermöglichen von Sauberkeit, ein
Übersetzungsbüro für die Reduzierung von Verständigungshürden und
ein Pharmagroßhändler für die Versorgung der Apotheken mit Arzneimitteln.
Was gibt es da weiter zu definieren?" Diese Antworten beschreiben recht
treffend den Kern der Funktion, nicht aber der Existenz. Der Bäcker
betreibt seine Backstube letztlich, um seine Familie zu ernähren und
sein Alter abzusichern.
Offen bleibt dabei die Frage der Grenzen: Was gehört nicht mehr dazu?
Diese Grenze zu kennen und zu hüten ist von enormer Bedeutung
für die Sicherung der Existenz. Organisationen sind mit vielen
Erwartungen konfrontiert. Neben den üblichen Interessensgruppen
wie Kunden, Lieferanten, Mitarbeiter und Kapitalgeber kann es, je
nach Kontext, noch viele weitere geben. Alle haben bestimmte
Erwartungen an die Organisation und jeder hält seine für vorrangig.
Würde die Organisation versuchen, alle Erwartungen zu erfüllen,
wären irgendwann die vorhandenen Ressourcen aufgebraucht und

die Organisation wäre nicht mehr überlebensfähig. Auch würde das Frustrieren aller an sie gerichtete Erwartungen zum ähnlichen Ergebnis führen. Folgerichtig ist eine Differenzierung erforderlich, um die Fragen nach der zu erfüllenden und der zu frustrierenden Erwartung zu beantworten. Diese Differenzierung erzeugt die äußeren Konflikte einer Organisation. Doch damit nicht genug, denn es kommen noch die inneren Konflikte hinzu. Hier stehen beispielsweise die Gehaltsforderungen der Mitarbeiter dem Streben nach Gewinnmaximierung der Organisation entgegen. Entweder erhalten die Mitarbeiter mehr Geld, oder die Kapitalgeber. Auch hier werden Erwartungen frustriert.

Doch neben den finanziellen Ressourcen gibt es noch weitere Grenzen, die innere Konflikte erzeugen. So könnte der IT-interessierte Bäckerlehrling auf die Idee kommen, als besondere Serviceleistung für die Kundschaft der Bäckerei Computerreparaturen anzubieten. Einerseits ist es durchaus erfreulich, wenn Mitarbeiter Engagement zeigen. Das gilt es auch zu fördern. Allerdings darf der Entfaltungsraum nicht über die Grenzen der Organisation hinausgehen. Deshalb muss der Bäckermeister eine Grenze setzen, auch wenn er damit einen engagierten Mitarbeiter frustriert: *„Wir sind Versorger für Grund-nahrungsmittel und keine IT-Dienstleiter. Deshalb werden in meiner Bäckerei keine Computer repariert!"* Damit wird eine Grenze definiert, die nicht übertreten werden darf. Gleichzeitig darf der Bäckermeister keine Zweifel daran aufkommen lassen, dass er bereit ist, diese Grenze gegen Angriffe oder Überschreitungen auch zu verteidigen. Sollte der Bäckerlehrling trotz Ermahnungen von seinem Vorhaben nicht ablassen, sind Sanktionen erforderlich, damit die Grenze sichtbar bleibt und weiterhin gesichert werden kann. Letztlich haben alle, die für ihre Arbeit von einer Organisation bezahlt werden, der Erfüllung der Mission zu dienen. Individuelle Interessen haben sich dabei den Belangen der Organisation unterzuordnen. Auch hier wird deutlich, dass sich jedes Mitarbeiterengagement dem Rahmen der Organisation anzupassen hat. Das gilt

für alle Beteiligten, unabhängig davon, aus welchem Motiv heraus
die Grenzüberschreitung der Mission erfolgt. Ob die Handlung der
Organisation dienen sollte, oder dem eigenen Geldbeutel, ist für die
Erfordernis der Grenzsicherung unerheblich. Was passiert, wenn der
Grundsatz des Dienens der Mission missachtet wird, zeigen in sehr
deutlicher Form die in 2010 öffentlich gewordenen Finanzskandale
im In- und Ausland mit ihren existenzvernichtenden Folgen. Ebenso
deutlich zeigt sich dieser Grundsatz durch die fatale Wirkung staat-
licher Schuldenpolitik, bei der seit Generationen aus Interesse des
Machterhalts unhaltbare Versprechungen gemacht werden – und
der Wähler weiß es. Auch hier existiert eine Symbiose zwischen dem
Volk und seinen Politikern. Doch nun zurück zur Organisation.

## Beispiel einer Klinik

Betrachten wir den Daseinszweck einer öffentlichen Klinik. Ihre
Mission besteht in der Erfüllung des gesetzlichen Versorgungsauf-
trages, der Heilung ihrer Patienten und auch der Vorbeugung von
Krankheiten. Ein privates Krankenhaus hingegen soll dem Investor
Rendite bescheren. Darüber hinaus wollen auch Ärzte und Pflege-
kräfte einen sicheren Arbeitsplatz und Lieferanten einen zahlungs-
fähigen Kunden. Es gibt also eine Vielzahl an unterschiedlichen Erwartungen von Personen und Organisationen an die Klinik. Doch
kann und muss eine Klinik alle an sie gestellten Erwartungen
erfüllen?
Es könnten z. B. Krankenversicherer, die ihr Versicherungsrisiko
minimieren wollen, die Klinik bitten, alle Patientendaten zur Verfügung zu stellen, um mithilfe dieser Daten die Versicherungsrisiken
besser bewerten zu können und Versicherungstarife anzupassen.
Oder Mitarbeiter könnten auf die Idee kommen, ihre Wochen-
arbeitszeit nach eigenen Vorstellungen frei zu gestalten, und diese
dann an den zwei Tagen des Wochenendes zu absolvieren. Oder

eine Führungskraft könnte auf die Idee kommen, ihre Mitarbeiter mit der Reinigung der Privatwohnung zu beauftragen.

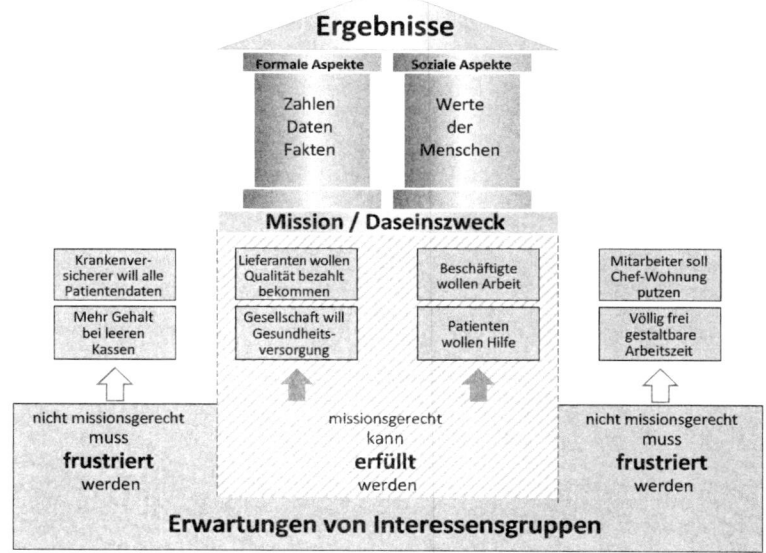

Abbildung 20: Missionsgerechte und nicht missionsgerechte Erwartungen

## Erwartungen erfüllen und frustrieren

Diese Beispiele verdeutlichen, dass es Erwartungen gibt, die erfüllt und auch solche, die frustriert werden müssen. Das Erfüllen aller Erwartungen würde sehr schnell zum Untergang der Klinik führen. Ebenso wäre das Frustrieren aller Erwartungen existenzgefährdend. Deshalb ist es wichtige Aufgabe von Führung und Management, die durch die Mission definierenden Grenzen vor Überschreitungen zu schützen, sowie die Förderung der Erfüllung der Mission zu belohnen. Damit wird der Titel dieses Buches

*„Organisation ist Konflikt."* deutlich. Es müssen zur Existenzsicherung immer wieder Grenzen gezogen und gegen Angriffe verteidigt
werden. Mögliche Gestaltungsräume können sich grundsätzlich nur
innerhalb dieser Grenzen befinden.

Mit der Beachtung der Mission sind immer die zwei Bedingungen
für einen Konflikt gegeben: **Unterschiedliche Handlungsabsichten**,
die **als Begrenzung erlebt** werden (vgl. S. 59). Dies gibt es sogar auf
mehreren Ebenen, wie wir später noch aufzeigen. Deshalb gehört
nicht nur der Umgang mit Konflikten zu den grundsätzlichen
Aufgaben von Entscheidern in Organisationen, sondern auch das
Erzeugen von Konflikten durch Verteidigung der Grenzen vor ihrer
Überschreitung, damit Führen und Folgen gelingen können.

In Konfliktsituationen werden Erwartungen frustriert. In solchen
Situationen wird Mediation angefragt. Die Herausforderung besteht
darin, den Unterschied zwischen existenzgefährdenden und exis-
tenzsichernden Auslösen der Frustration zu erkennen. Existenzge-
fährdende Auslöser von Frustrationen gilt es abzustellen und dafür
ist Mediation eine wirksame Maßnahme. Doch wenn die Grenze der
Organisation Frustrationen auslöst, muss dieser Auslöser erhalten
bleiben.

Damit wird auch deutlich, dass es bei Menschen in Organisationen
Frustrationen gibt, die nicht durch Veränderung äußerer Gegebenheiten beseitigt werden können. Dafür sind innere Veränderungen
in der Bewertung der Umstände erforderlich, die dann zu einer
Erhöhung der Frustrationstoleranz führen und eine Akzeptanz
ermöglichen.

# Funktion

Damit sichergestellt werden kann, dass die Erfüllung der Mission gelingt, werden Rollen und Funktionen benötigt, welche diesem Ziel dienen und die dafür erforderlichen Aufgaben wahrnehmen. In jeder Organisation sind Ziele zu setzen, Entscheidungen zu treffen, Maßnahmen zu planen, Aktivitäten durchzuführen und Ergebnisse zu kontrollieren, damit die Organisation ihre Ausrichtung findet und diese auch auf Kurs hält.

## Management

Im Alltag erleben wir die Grenze zwischen Führung und Management fließend und ihre Trennung meistens künstlich. Welcher Manager managt, ohne zu führen? Und welche Führungskraft führt, ohne zu managen? Sicherlich sind solche *„Reinkulturen"* in Einzelfällen denkbar, aber verhelfen sie wirklich zur mehr Orientierung im Handeln? Wir haben bislang keine Belege gefunden, die über das Argument von Aufgaben- und Rollenklarheit hinausgehen. Eher beobachten wir bei Verhaltensweisen von Entscheidern eine dauerhaft einseitige Überbetonung von Integration oder Polarisation, je nachdem, ob ihr Selbstbild eher dem eines Managers oder dem einer Führungskraft entspricht. Damit ist diese Differenzierung eher geeignet, die Frage nach der Identität des Individuums zu beantworten, als dass sie zu stimmigen Ergebnissen führen würde. Deshalb konzentrieren wir uns auf Aufgaben statt auf Identitätsdarstellung.

Aufgabe des Managements ist die Sicherung von Existenz und Zukunftsfähigkeit der Organisation. Dafür gilt es Strategien zu entwickeln, Ziele abzuleiten und Grenzen zu definieren und zu sichern. Management hat die Aufgabe des formal missionsbezogenen Polarisierens.

*Unterschiedliche Managementformen*

Hier betrachten wir zwei verschiedene Formen des Managements nach Kruse (2004). Eine weitverbreitete Form des Managements kommt in normalen Zeiten zur Anwendung und ist unter Führungskräften und Managern sehr vertraut: Das *Managen von Bekanntem*, oder auch *Management von Stabilität*. Bei dieser Form ist das Ergebnis zu Prozessbeginn bekannt. Beispiele hierfür sind ein Haus bauen, Umsätze erhöhen, Prozesse und Produkte verbessern, Funktionen optimieren usw. Management von Stabilität bedeutet, sich weiterzubewegen auf bekannten Wegen mit einem klaren Ziel vor Augen. Etwas Vorhandenes wird in seiner Funktion weiter optimiert und dabei die vertrauten Wege weiter beschritten und das gesicherte Know-how weiter genutzt. Das entspricht dem Prinzip der Funktionsoptimierung.

Daneben gibt es eine zweite Form des Managements: Das *Managen von Unbekanntem* oder auch *Management von Instabilität*. Dazu nennt Peter Kruse zwei Beispiele:

- 1492 begibt sich Columbus auf die Suche nach einem Westweg nach Indien - und entdeckt dabei Amerika.

- 1970 begann Ulrike Meyfarth den Fosburyflop zu trainieren und löste den bis dahin üblichen Straddle ab, bei dem der Springer sich bäuchlings über die Latte wälzt. Anfangs waren ihre dabei übersprungenen Höhen geringer als die mit dem Straddle. Doch nach einer Weile des Übens perfektioniert sie diese Technik und gewann 1972 schließlich olympisches Gold.

Das Ergebnis ist zu Prozessbeginn unbekannt. Es gibt zwar eine vage Vision, aber das konkrete Bild entsteht erst im laufenden Prozess. Beim Managen von Unbekanntem begibt man sich also auf die Suche nach neuen und unbekannten Wegen mit einer vagen Vision vor Augen. Es wird ermöglicht, durch das Loslassen der bekannten Wege und Muster, um zu neuen Ansätzen zu gelangen. Es erfordert auch das Infragestellen des Bewährten und damit den Verzicht auf das Festhalten des Vertrauten. Das entspricht dem

Prinzip des Prozessmusterwechsels. Genau dazu sind Kompetenzen erforderlich, diese erlauben *in unsicheren Situationen sicher zu handeln*" (Heyse 1997). Hier eine Übersicht der Managementformen:

| Management von ... | ... Bekanntem / Stabilität | | ... Unbekanntem / Instabilität | |
|---|---|---|---|---|
| **Aufmerksamkeit:** | Ergebnis (Das Ziel) | | Prozess (Den Weg) | |
| **Professionalisierung:** | 1. Ordnung | | 2. Ordnung | |
| **Situationen:** | einfach | komplex | einfach | Komplex |
| **Handlungsstrategie:** | Steuerung | Regelung | Versuch und Irrtum | Selbst-organisation |
| **Funktionsprinzip:** | Ursache - Wirkung | Soll -Ist - Abgleich | Such-bewegung | Muster-wechsel |
| **Beispiele:** | Maßnahmen plan | Zielverein-barungen | Mediations-phasen 2 + 3 | Mediations-phasen 4 + 5 |
| **Handlungs-wegweiser:** | Ziel-und Ergebnis-orientierung | | Störung als Veränderungsimpuls nutzen | |
| | Beitrag zum Ganzen leisten | | Temporären Leistungsabfall einkalkulieren | |
| | Konzentration auf Weniges und Wichtiges | | Sicherheit in der Unsicherheit trainieren | |
| | Vertrauen mit Kontrolle | | vorhandene Muster aktiv destabilisieren | |
| | Organisieren / Entscheiden/ Kontrollieren | | Vision und emotionale Resonanz bilden | |
| | Menschen entwickeln und fördern | | Querdenken und Risikoübernahme fördern | |
| | | | maximale Prozesstransparenz schaffen | |
| | | | lösungsorientierte Kommunikation fördern | |

*Übersicht 21: Managementformen in Anlehnung an Kruse (2004)*

Das Erfolgsgeheimnis der Mediation besteht in der konsequenten Anwendung und Umsetzung des Managements von Instabilität. In der zweiten Phase (Sichtweisen, vgl. S. 83) wird ermittelt, wer was wie erlebt hat. In der dritten Phase (Klärung) erfolgt die Suche nach dem wirklich Wichtigen. Dieses befindet sich im Verborgenen, unter der sichtbaren Oberfläche. Die Mediationsphasen zwei und drei entsprechen der Suchbewegung beim Management von Instabilität. Die Phasen vier und fünf entsprechen dem Muster-wechsel, bei dem etwas Neues für die Zukunft entwickelt wird. Dabei werden die alten Handlungsmuster durch neue abgelöst. Diese Umstellung funktioniert nicht einfach durch Schalterumlegen und bringt als zusätzliche Hürde einen temporären Leistungsabfall mit sich. Deshalb braucht es hierfür gute Anker, damit das neue Muster erfolgreich eingeübt werden kann. Damit bieten Mediations-prozesse dem Management von Instabilität sehr wertvolle Weg-weiser, deren Umsetzung mediative Kompetenzen erfordert. In der Mediation gehören Suchbewegung und Musterwechsel zu den normalen Bestandteilen. Diese sind für das Managen von Instabilität unverzichtbare Begleiter.

## Führung

Führung ist die gezielte Einflussnahme auf Menschen und Auf-gaben, um die festgelegten Ziele innerhalb der vom Management definierten Grenzen zu erreichen. Führung hat die Aufgabe des sozialen Integrierens der Mitarbeiter in den von der Organisation festgelegten Rahmen. Hier halten wir es für sehr hilfreich, dass der Berater und insbesondere der Mediator sich über die Unterschiede der Funktion *Führungskraft* und der Funktion *Mediator* Klarheit verschafft. Denn immer wieder erleben wir unter Mediatoren einen getrübten Blick auf Führung und Management, mit dem unterstellt wird, dass Grundsätze der Mediation auch auf Führung übertragbar seien. Diese Annahme halten wir für unzulässig und auch für gefährlich für die Führungstätigkeit. Darüber hinaus schadet diese Vermischung dem Ansehen und der Akzeptanz von Mediation in Organisationen.

## Mediation

Für die Mediation gibt es unzählige Darstellungen. Diese lassen sich unterteilen in Methode, Prozess, Dienstleistung und Profession. Weit verbreitet ist die Darstellung als Prozess mithilfe des Phasenmodells, wie es für Ausbildungszwecke vermittelt wird.

| Phase | Ablauf |
|---|---|
| **1 Rahmen** | Der Mediator gibt den Rahmen der Mediation vor. Die Parteien stimmen zu, oder auch nicht - dann kommt es nicht zur Mediation. |
| **2 Sichtweisen** | Jeder schildert dem Mediator den Konflikt aus seiner Perspektive. Der Mediator hört aktiv zu und achtet auf die Einhaltung der Gesprächsregeln. Die andere Konfliktpartei hört nur zu, kein direktes Gespräch zwischen den Medianden. |
| **3 Klärung** | Klärung von Beobachtungen, Gefühlen, Bedürfnissen, Wünschen. Die Medianden kommen ins direkte Gespräch. |
| **4 Lösung** | Die Medianden suchen gemeinsam Optionen und entwickeln anschließend Lösungen. Der Mediator unterstützt sie moderierend. |
| **5 Vertrag** | Die Medianden überprüfen das Einigungspaket und halten es schriftlich fest. Der Mediator unterstützt dabei. |

*Übersicht 22: Das Phasenmodell der Mediation*

Was im Kontext von Mediationsausbildungen als Methode und Prozess dargestellt wird, ist ungeeignet für die Darstellung von Mediation als Profession oder prozessbegleitende Dienstleistung, die sich bestimmter Verfahren bedient. Als aussagekräftiger erachten wir die Definition vom Bundesverband Mediation. Sie berücksichtigt, dass Mediation in ihrem Kontext gesehen werden muss.

> *Mediation ist eine hochwertige Dienstleistung von Mediatorinnen und Mediatoren aus allen Berufs- und Betätigungsfeldern. Sie befähigt Konfliktparteien zu einem gemeinsamen Umgang mit Konflikten, führt zu Klärung von Beziehungen und entwickelt die Konfliktkompetenz der Medianden. Mediation ist gekennzeichnet durch Ergebnisoffenheit, Vertraulichkeit und Freiwilligkeit. Mediatorinnen und Mediatoren handeln allparteilich, sid frei*

*von Kontextverantwortung und verfügen über ein pro-*
*fessionelles Konfliktverständnis.*

Mit Organisation existiert ein Kontext, also braucht es jemanden, der
die Verantwortung dafür übernimmt und das kann nicht der
Mediator sein. Das Ideal der Mediation strebt eine Berücksichtigung
der individuellen Werte und die Befriedigung der individuellen
Bedürfnisse an. Damit sind die Interessen der Individuen der Maßstab für Entscheidungen. Führung dient der Erfüllung der Mission
der Organisation. Dabei sind die Interessen der Organisation der
Entscheidungsmaßstab. Mediation im Kontext einer Organisation
stellt immer eine Mischform aus Eigenentscheidung und Fremdentscheidung dar. Sofern die Eigenentscheidung den Belangen der
Organisation nicht widerspricht, ist das Ideal der Mediation realisierbar. Doch bei einer Mediation in Organisationen endet die Freiheit eigener Entscheidungen dort, wo sie den Werten und Normen
der Organisation widerspricht. Führung darf individuelle Werte, die
denen der Organisation widersprechen, nicht zulassen und darf in
diesen Fällen auch das Ideal der Mediation nicht zulassen.

**Eigenentscheidung**
im Rahmen der Wertesysteme der
Konfliktparteien durch

**Fremdentscheidung**
**MEDIATION**
im Rahmen des Wertesystems der
Organisation durch
**FÜHRUNG**

*Abbildung 23: Entscheidungskontinuum*

Ein weiterer und oft unterschätzter Aspekt mit starkem Einfluss auf die
Ausprägung der Entscheidungsfreiheit ist die Tatsache, dass Freiheit
und Verantwortung untrennbar miteinander verbunden sind. Die

Bereitschaft zur Verantwortungsübernahme ist abhängig von dem Zustand, in dem sich die Konfliktparteien befinden (vgl. *„Konflikt und Zustand"*, S. 63). Im Zustand *Lösung* ist diese Bereitschaft vorhanden. Im Zustand **Problem** wird mithilfe der Unterstützung Dritter der Zustand *Lösung* hergestellt. Doch im Zustand der *Symbiose* ist die Bereitschaft zur Verantwortungsübernahme schwach bis gar nicht vorhanden. Damit begrenzt das Fehlen dieser Bereitschaft die Fähigkeit zur verantwortungsvollen Eigenentscheidung.

Ein dritter Faktor mit begrenzender Wirkung ist die Klarheit des begleitenden Dritten über seine Rolle und Aufgabe. Der dritte kann eine Führungskraft oder ein Mediator sein. Beide können im Sinne der Mission hilfreiche Unterstützung bieten. Voraussetzung ist, dass sie in ihrer jeweiligen Rolle bleiben. Eine Führungskraft darf nicht völlig ergebnisoffen agieren und ein Mediator darf keinen inhaltlichen Einfluss nehmen.

## Vergleich Führung-Mediation

Zur Klärung vergleichen wir Verantwortung, Grundsätze, Aufgaben und Werkzeuge beider Berufe. Dabei wird deutlich, dass eine Führungskraft, die für das Erreichen von Ergebnissen die Verantwortung trägt, innerhalb ihres Verantwortungsbereichs niemals als Mediator tätig sein kann. Umgekehrt kann der Mediator keine Führungsverantwortung übernehmen. Der Führungsgrundsatz der inhaltlichen Ergebnisorientierung kollidiert mit dem Mediationsgrundsatz der inhaltlichen Enthaltsamkeit. Auch wenn eine Führungskraft durchaus einige Prinzipien und zahlreiche Werkzeuge der Mediation nutzen kann, hat die Verantwortung für Ergebnisse immer den Vorrang. Für Führung und Management orientieren wir uns an Peter Drucker (1998) und Fredmund Malik (2000), für Mediation an den Standards des Bundesverbands Mediation.

| | Führung & Management | Mediation |
|---|---|---|
| **Verantwortung** | Beitrag zur Erfüllung der Mission leisten durch die gezielte Einflussnahme auf Menschen und Aufgaben: **Ergebnisverantwortung** | Menschen in Krisensituationen in einen Zustand der Selbstlösungsfähigkeit eigener Konflikte führen und die gemeinsame Suche nach Lösungsmöglichkeiten begleiten: **Prozessverantwortung** |
| **Grundsätze** | Ergebnisorientierung<br>Beitrag zum Ganzen<br>Konzentration auf Wichtiges<br>Stärken nutzen<br>Vertrauen<br>Positiv denken | Respekt, Wertschätzung<br>Allparteilichkeit / Neutralität<br>Selbstverantwortung, Autonomie<br>Interessen statt Positionen<br>Vertraulichkeit<br>Gesprächsbereitschaft |
| **Aufgaben** | Menschen und Aufgaben zu Ergebnissen führen:<br>- Für Ziele sorgen<br>- Organisieren<br>- Entscheiden<br>- Kontrollieren<br>- Menschen entwickeln und fördern | Auftrag klären<br>Rahmen setzen<br>Sichtweisen darlegen lassen<br>Klärung herbeiführen<br>Lösungssuche anleiten<br>Vereinbarung schließen<br>Hüter der Gesprächsregeln |
| **Werkzeuge** | Besprechung<br>Bericht<br>Arbeitsgestaltung<br>Organisationsentwicklung<br>Persönliche Arbeitsmethodik<br>Leistungsbeurteilung<br>Systematische Müllabfuhr | Aktives Zuhören, 4W-Modell ( S. 187)<br>Gesprächsführung, Fragetechnik<br>Moderation<br>Interventionstechniken<br>Systemischer Blick<br>Phasen der Mediation<br>Selbstreflexion und Supervision |

*Übersicht 24: Führung und Mediation*

### Win-Win und Win-Lose

Insbesondere für hochengagierte Mediatoren ist die Erkenntnis wichtig, dass es in Organisationen Konflikte gibt, die nicht über eine Mediation bearbeitet werden können, sondern nur durch eine klare

Führungsintervention mit Einsatz von Sanktionsmacht. Dies zu akzeptieren erfordert das kritische Hinterfragen der Grundhaltung von Win-Win. Das reflexartige Beschwören von Win-Win-Lösungen erzeugt bei vielen Entscheidern Reaktionen von skeptischer Zurückhaltung bis hin zur kategorischen Ablehnung. Und das aus gutem Grund: Im Alltag geht es nicht ohne Sieger und Verlierer. Es könnte sogar existenzgefährdend sein, die beste Lösungsidee auf dem Altar der Integrationsbedürfnisse zu opfern. Hier gilt das Prinzip von Win-Lose, denn die bessere Idee muss sich durchsetzen. Deshalb ist es wichtig, Win-Win Bestrebungen auf Aspekte zwischenmenschlicher Beziehungen zu begrenzen und nicht auf die inhaltliche Ebene auszuweiten. Das widerspricht dem Wettbewerbsgedanken, der für viele Organisationen von existenzieller Wichtigkeit ist, denn Organisation ist Konflikt und muss es auch sein dürfen. Darin zeigt sich die *„tetradische Ereignisrelationen"*: Die Notwendigkeit, beides zu tun, zu polarisieren (Asymmetrie) und zu integrieren (Symmetrie) und beides gegeneinander, je nach Situation, zu balancieren (vgl. S. 49).

### Balanciertes Handlungsmodell

Ein weiterer hilfreicher Blick liefert die bereits mehrmals erwähnte Balance zwischen formalen und sozialen Führungsaspekten. Wenn wir als Problemlöser angefragt werden, ist meistens weit zuvor diese Balance verloren gegangen. Deshalb lohnt sich die Suche nach dem Ungleichgewicht über die Frage, was bereits alles versucht wurde, um in der aktuell als schwierig erlebten Situation Abhilfe zu verschaffen. Wurden überwiegend soziale Aspekte wie Feedback, Wertschätzung, Dialog usw. bemüht, bietet die stärkere Betonung der formalen Aspekte wie Aufgabenbeschreibung, Zielorientierung oder Sanktionen wirksame Interventionsansätze. Sollten formale Aspekte wie der Rückgriff auf Regeln, Sanktionen und Verträge bereits stärkere Betonung erfahren haben, ist eher die verstärkte Konzentration auf soziale Aspekte indiziert. In Profit-Organisationen beobachten wir in Situationen, die von Führungskräften als schwierig erlebt werden, eher eine Überbetonung der formalen Aspekte. Und genau deshalb werden diese Situationen als schwierig erlebt, weil die Lösung an einem Ort gesucht wird, an dem es keine Lösung gibt. Oft reicht die einfache Beachtung der sozialen Aspekte wie aktives Zuhören, Empathie und ernst gemeintes Verstehen wollen völlig aus. Hier verfügen Entscheider mit Mediationskompetenz über einen deutlichen Vorteil, weil es ihnen viel leichter fällt, die Balance zwischen formalen und sozialen Führungsaspekten zu erreichen.

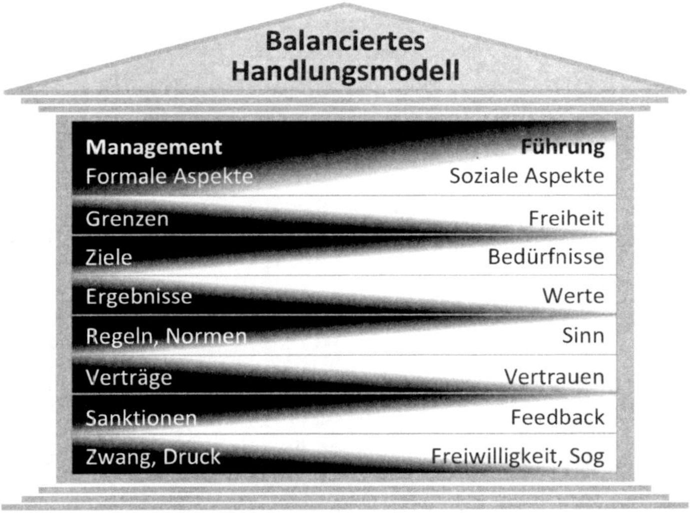

| **Balanciertes Handlungsmodell** | |
|---|---|
| **Management** Formale Aspekte | **Führung** Soziale Aspekte |
| Grenzen | Freiheit |
| Ziele | Bedürfnisse |
| Ergebnisse | Werte |
| Regeln, Normen | Sinn |
| Verträge | Vertrauen |
| Sanktionen | Feedback |
| Zwang, Druck | Freiwilligkeit, Sog |

*Abbildung 25: Balanciertes Handlungsmodell*

Darüber hinaus gibt es hier zwei gegenläufige „Verführungen": So wie einige Führungskräfte in schwierigen Situationen zum reflexartigen Bemühen formaler Aspekte neigen, so neigt mancher Prozessberater zur reflexartigen Konzentration auf die sozialen Aspekte. Solange diese Reflexe in ihrer Wirkung immer noch der Erfüllung der Mission dienen, ist es unkritisch. Wird ihr jedoch die Aufmerksamkeit entzogen, sollten alle Alarmglocken läuten. Dies

ist besonders dann der Fall, wenn Mitarbeiter, die sich trotz des Ein-
satzes zahlreicher sozialer Aspekte wiederholt weigern, im Sinne
der Mission zu handeln, keine Sanktionen erleben. Das Gleiche gilt
für diejenigen Führungskräfte, die sozial-kommunikative Führungsaspekte für einen Luxus halten, der nur in entspannten Zeiten
zum Einsatz kommt, wenn gerade etwas Zeit übrig ist und es die
Gesamtsituation erlaubt.

*Kurz-Check zum balancierten Handlungsmodell*

Für die umfassende Ermittlung der Balance zwischen Formal und
Sozial nutzen wir 17 Themenfelder: Kontakte, Themen, Identifika-
tion, Organisation, Vorgaben, Ressourcen, Mitgliedschaft, individu-
elle Bedürfnisse, Funktion, Rollen, Vertrauen, Feedback, Regeln,
Sanktionen, Ansprache von Konflikten, Bearbeitung von Konflikten,
Balancen.

Um einen praktischen Einblick in das balancierte Handlungsmodell
zu erhalten, haben wir eine einfache Methode entwickelt, die Ihnen
eine Einschätzung der Balance eines für Sie relevanten Betrach-
tungsbereiches ermöglicht. Für den folgenden Fragebogen haben
wir vier Themenbereiche ausgewählt (Vorgaben, Kontakte, Ansprache von Konflikten und Identifikation) mit jeweils vier Fragen je
Themenbereich. Nehmen sie sich für die Beantwortung der Fragen
etwa zehn Minuten Zeit. Entscheiden Sie sich zunächst für eine
Einheit, über die Sie eine Aussage zur Balance erhalten wollen. Um
relevante Ergebnisse zu erhalten, sollte Ihnen die ausgewählte
Einheit möglichst vertraut sein. Dabei kann es sich um eine Organisation, um einen Bereich, um eine Abteilung oder um ein Team
handeln.

*1 Vorgaben*

Die Zusammenarbeit einer Einheit hängt davon ab, wie die Handlungsvorgaben von außen von den Mitgliedern wahrgenommen werden.
Handlungsvorgaben können durch Auftraggeber, übergeordnete

Führungskräfte, Kunden etc. an die Einheit vermittelt werden. Ebenso können dies allgemeine Bedingungen des Marktes, der Rechtslage, der Politik usw. sein.

| Es gibt organisatorische Regeln und Festlegungen, die das Fortbestehen der Einheit sichern | nein | teil-weise | ja |
|---|---|---|---|
| Die organisatorischen Regeln und Festlegungen unterstützen die Erreichung der spezifischen Ziele der Einheit | nein | teil-weise | ja |
| Die Art und/oder Anzahl der organisatorischen Regeln und Festlegungen belasten mich emotional | ja | teil-weise | nein |
| Die Art und/oder Anzahl der organisatorischen Regeln sollte oder kann für mich sein: | mehr oder weniger | | soll so bleiben |

## 2 Kontakte

Die Mitglieder der betrachteten Einheit können auf unterschiedliche Art und Weise in Kontakt treten. Das können einmal persönliche direkte Kontakte sein (wie Besprechungen, Teamtreffen, Meetings ...). Andererseits gibt es mittelbare Kontakte (wie Telefon, Mail, Rundschreiben, Videokonferenz ...). In virtuellen Teams gibt es ausschließlich mittelbare Kontakte.

| Die Anzahl der persönlichen direkten Kontakte ist angemessen | nein | teil-weise | ja |
|---|---|---|---|
| Die Anzahl der persönlichen direkten Kontakte unterstützt die Erreichung der spezifischen Ziele der Einheit | nein | teil-weise | ja |
| Die Anzahl der persönlichen direkten Kontakte belastet mich emotional | ja | teil-weise | nein |
| Die Anzahl der persönlichen direkten Kontakte sollte oder kann für mich sein: | mehr oder weniger | | soll so bleiben |

## 3 Ansprache von Konflikten

Konflikte zwischen Menschen sind normal und nicht gut oder schlecht. Hilfreich oder hilflos ist der Umgang mit Konflikten. Dabei kommt es darauf an, ob und wie Konflikte angesprochen werden. (eher offen angesprochen oder eher vermieden, tabuisiert, totgeschwiegen). Weiter ist wichtig, ob Konflikte eher konfrontativ oder eher kooperativ bearbeitet werden.

| | | | |
|---|---|---|---|
| Konflikte werden in der Einheit offen angesprochen | nein | teil-weise | ja |
| Das offene Ansprechen von Konflikten unterstützt die Erreichung der spezifischen Ziele der Einheit | nein | teil-weise | ja |
| Das offene Ansprechen von Konflikten belastet mich emotional | ja | teil-weise | nein |
| Die offene Ansprache von Konflikten sollte oder kann für mich sein: | mehr oder weniger | | soll so bleiben |

## 4 Identifikation

Der Zusammenhalt einer Einheit ist eine Funktion aus Identifikation und Wir-Gefühl einerseits und organisatorischen Vorgaben und Regeln andererseits. Beides ist erforderlich für das Funktionieren der Einheit.

| | | | |
|---|---|---|---|
| Bei den Mitgliedern der Einheit besteht ein Wir-Gefühl | Nein | teil-weise | ja |
| Das Wir-Gefühl unterstützt die Erreichung der spezifischen Ziele der Einheit | Nein | teil-weise | ja |
| Die Qualität des Wir-Gefühls belastet mich emotional | Ja | teil-weise | nein |
| Das Wir-Gefühl sollte oder kann für mich sein | mehr oder weniger | | soll so bleiben |

Wenn Sie Ihre Antworten überwiegend in der rechten Spalte finden, so erleben Sie in dem betrachteten Bereich eine gute Balance zwischen formalen und sozialen Aspekten. Hier gilt es, diesen Erfolg 0anzuerkennen, um ihn zu sichern und zu stabilisieren.

Wenn Sie Ihre Antworten überwiegend in der mittleren Spalte finden, erleben sie die Balance zwischen formalen und sozialen Aspekten als unausgewogen. Suchen Sie sich einzelne konkrete Aspekte, die sie überbetont erleben (zum Beispiel *„Regeln"*) und richten dann die Aufmerksamkeit stärker auf den Gegenpol (*„Sinnfrage"*).

Wenn Sie Ihre Antworten überwiegend in der linken Spalte finden, erleben sie die Unausgewogenheit in der Balance zwischen formalen und sozialen Aspekten als starke Belastung. Es ist zu vermuten, dass die Arbeitsergebnisse in der von ihnen betrachteten Einheit weit hinter den Möglichkeiten zurückbleiben. Hier kann es sehr lohnend sein, sich eines Blicks von außen zu bedienen und externe Beratung damit zu beauftragen, mögliche Auswege aufzuzeigen.

# Kompetenz

Neben Mission und Funktion ist der dritte wesentliche Baustoff für Organisationen die Kompetenz der Menschen, die den Erfolg der Organisation ermöglichen. Unter Kompetenzen verstehen wir hier besonders die individuellen Fähigkeiten und Bereitschaften der Handelnden. Diese Betrachtung ermöglicht die Definition derjenigen Kompetenzen, die für den Erfolg einer Organisation erforderlich sind. Der Vorteil besteht darin, dass Kompetenzen erlernbar und entwickelbar sind. Für die häufig anzutreffende Beschreibung von Eigenschaften (*teamfähig, motiviert, kontaktfreudig, extrovertiert* usw.) trifft dies nicht oder nur sehr begrenzt zu. Die Kompetenzbetrachtung erfolgt losgelöst von Persönlichkeitseigenschaften.

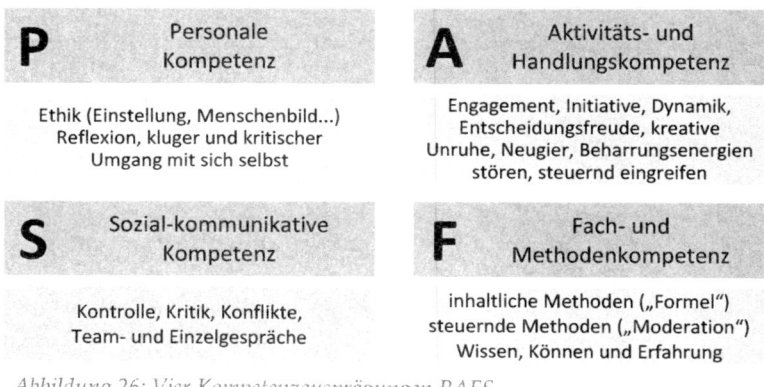

**P** — Personale Kompetenz

Ethik (Einstellung, Menschenbild...) Reflexion, kluger und kritischer Umgang mit sich selbst

**A** — Aktivitäts- und Handlungskompetenz

Engagement, Initiative, Dynamik, Entscheidungsfreude, kreative Unruhe, Neugier, Beharrungsenergien stören, steuernd eingreifen

**S** — Sozial-kommunikative Kompetenz

Kontrolle, Kritik, Konflikte, Team- und Einzelgespräche

**F** — Fach- und Methodenkompetenz

inhaltliche Methoden („Formel") steuernde Methoden („Moderation") Wissen, Können und Erfahrung

*Abbildung 26: Vier Kompetenzausprägungen PAFS*

Im Kern geht es um Handlungen und die Ausprägung ihrer Wirksamkeit, denn diese schaffen die Realität einer Organisation. Kompetenzen erschließen sich über die Beobachtung von Handlung. Wir nutzen hier die vier wissenschaftlich nachweisbaren Grundkompetenzen, ihre Stärkenausprägungen und ihre möglichen Übertreibungen. (Grundsätzliches zum Kompetenzbegriff siehe z. B. Erpenbeck 2007)

Bei dieser Betrachtungsweise gibt es keine guten oder schlechten Kompetenzen, sondern je nach Situation und Aufgabe ein *günstig* oder ein *zu viel* oder ein *zu wenig*. Damit handelt es sich um eine ressourcenorientierte Betrachtungsweise, denn eine Dosierung ist viel leichter regelbar, als das Erlernen von etwas völlig Neuem.

## Kompetenzen für Führung und Management

Manager und Führungskräfte müssen Tausendsassas sein. Sie vereinen in der Regel zwei Aufgaben in sich, die unterschiedliche Kompetenzen benötigen: Führung und Management. Diese Unterscheidung wird in der Praxis selten getroffen, wir halten sie an dieser Stelle für nützlich, um den Zwiespalt aufzuzeigen, der dabei entsteht und der im Alltag wohl verspürt wird.

Je nach Aufgabe und Führungsebene spielten fachlich-methodische Kompetenzen eine mehr oder weniger bedeutendere Rolle. Beim Vorarbeiter oder Meister wird hohe Fachlichkeit vorausgesetzt. Je höher die Führungsebene, desto wichtiger wird jedoch, eher Fachleute zu koordinieren, anstatt selbst bester Fachspezialist der Abteilung zu sein. Fachkompetenz macht jedoch Führung und Management nicht aus.

Wie mehrere Untersuchungen (Zusammenfassung siehe Kreuser 2010) zeigen, gibt es sogenannte *„generalistische Kompetenzen"*, die sich von den *„Spezialistenkompetenzen"* unterscheiden. Allen generalistischen Kompetenzen gemeinsam ist:

- eine relativ hohe Ausprägung Personaler Kompetenzen. Diese sind erforderlich für einen klugen und kritischen Umgang mit sich selbst, für Rollenklarheit sowie für die Bereitschaft und Fähigkeit zur Selbstreflexion,
- eine relativ niedrige Ausprägung der Fach- und Methodenkompetenz,
- eine hohe Ausprägung entweder der Sozial-Kommunikativen Kompetenz oder der Aktivitäts- und Handlungskompetenz.

Beide, Führungskompetenz wie Managementkompetenz, sind generalistische Kompetenzen. Dabei sind sie grundsätzlich konflikär angelegt, da Managementkompetenz einen hohen Anteil an Aktivitäts-
und Handlungskompetenz erfordert, der für Anfänge machen, konsequente Durchführung, eindeutige Entscheidung, Polarisierung,
Durchsetzung und das Beenden von Aktivitäten steht. Führungskompetenz dagegen weist einen hohen Anteil an sozial-kommunika-
tiver Kompetenz auf. Diese umfasst Fähigkeiten und Bereitschaften
zu zwischenmenschlicher Kooperation, Kommunikation und
Integration. Die Herausforderung an die Personen, die zugleich
Führung und Management erfüllen sollen ist, je nach Situation eher
zu polarisieren (Management) oder zu integrieren (Führung).
Sozial-Kommunikative Kompetenz ist eine Grundkompetenz, die sich
aus zahlreichen Schlüsselkompetenzen zusammensetzt. So gleichen
sich Führungskompetenz und Mediationskompetenz darin, dass
beide generalistische Kompetenzen mit gut ausgeprägter Sozial-
Kommunikativer Kompetenz sind. Dennoch unterscheiden sie sich
in den Facetten der darin erforderlichen Schlüsselkompetenzen. Ein
Mediator muss keine Mitarbeitergespräche führen, bei Fehlleistun-
gen nicht kritisieren oder Projektsitzungen leiten. Wie oben unterschieden wurde, muss die Führungskraft immer die Mission der
Organisation mitdenken, der Mediator die Autonomie der Beteiligten.

## Mediative Kompetenzen für Führung und Management

Organisationen profitieren von externer Beratungsleitung. Neben
dem zusätzlichen fachlichen Know-how ist auch der ungetrübte
Blick von außen eine nützliche Ressource, die dazu verhilft, Umwege
zu vermeiden und direkte Verbindungen auf dem Weg zum Erfolg
zu finden. Wer Berater engagiert, nutzt die Kompetenzen, die intern
nicht verfügbar oder nicht einsetzbar sind. Gleichzeitig ist es immer
eine besondere Hürde, auf dem Weg der Lösungsfindung externe
Beratungsleistung anzufordern. Neben dem Kostenfaktor spielen

auch Imageaspekte eine wesentliche Rolle: *„Werde ich als einer, der externe Berater konsultiert, intern noch ernst genommen? Wie begegne ich dem Eindruck, selbst nicht mehr klarzukommen?"*
Je nach Ausprägung der Organisationskultur kann die Nutzung externer Beratungsleistung als Ressource oder als Defizit interpretiert werden. So wundert es uns als externe Berater nicht, dass wir meistens erst dann gerufen werden, wenn das Kind bereits in den Brunnen gefallen ist. Damit ist eine unnötige Verschwendung von Ressourcen verbunden. Viele Situationen, zu denen wir angefragt werden, hätten mit geringem Aufwand bewältigt werden können, wenn sie eher bearbeitet worden wären. Nach unserer Beobachtung wird meistens viel zu lange gewartet, bevor gehandelt wird – getragen von der Hoffnung, dass es sich wieder von alleine klärt. Doch die Erfahrung lehrt immer wieder etwas anderes. Meist führt die Sorge des eigenen möglichen Scheiterns beim Anpacken schwieriger Situationen zum Stillhalten. Dazu meinte der römische Philosoph Lucius Annaeus Seneca vor fast 2000 Jahren:

> *„Nicht weil es schwer ist, wagen wir es nicht, sondern weil wir es nicht wagen, ist es schwer."*

Damit es weniger schwer wird, richten wir den Blick besonders darauf, wie Entscheider ihre Personale Kompetenz und ihre sozial-kommunikativen Kompetenz erweitern können. Damit wollen wir den Mut zu neuem Führungshandeln fördern. Verantwortung, Grundsätze und Aufgaben von Führung bleiben unverändert (vgl. *Mediation* S.83). Was durch Erweiterung eine Veränderung erfährt, sind die Führungswerkzeuge um verschiedene Elemente der Mediation. Um mit diesen Werkzeugen auch die gewünschte Wirkung zu erzielen, reicht es nicht aus, sie zu kennen. Über ihren Erfolg entscheidet die Haltung, mit der sie eingesetzt werden sowie die Fähigkeit der Selbstreflexion.
Wir treffen immer wieder auf Führungskräfte, denen wir zutrauen, schwierige Situationen zu meistern. Oft wundern wir uns dann

darüber, dass ihr Selbstbild diese Sicht nicht enthält. Sie trauen sich selbst weniger zu, als wir ihnen zutrauen. So erleben wir manche der Reaktionen unserer Coachees:

*„Stellen Sie sich vor: Ich habe es geschafft, das umzusetzen, was wir beim letzten Mal besprochen hatten – ich habe es tatsächlich geschafft!!!"*
Uns selbst wundert das so gut wie nie.

So wollen wir auch an dieser Stelle Führungskräfte dazu ermutigen, einen Schritt weiter zu gehen, als sie es bisher getan haben. Wir wollen dazu ermutigen, frühzeitig Konflikte aktiv zu bearbeiten, quasi den Stier bei den Hörnern packen. Doch gleich eine Bitte in eigener Sache: Werden Sie bloß nicht zu erfolgreich damit, denn sonst werden wir arbeitslos …

Nun aber wieder ernsthaft: Wir sind der Überzeugung, dass viele Führungskräfte zwar über mediative Fähigkeiten verfügen, diese aber viel öfters und gezielter einsetzen könnten, um direkte Wege zum Erfolg ohne Umwege zu gestalten. Es braucht nur etwas mehr Mut und ein wenig Training im Umgang mit diesen Fähigkeiten.

*Abbildung 27: Mediative Kompetenzen für Führungskräfte*

Der Nutzen für den Erfolg der Organisation und für die Zufriedenheit der Mitarbeiter ist immens, weil die ansonsten meist beklagten Themen eine für alle Beteiligten positive Veränderung erfahren.

Wie bereits erwähnt, können Führungskräfte innerhalb ihres
Verantwortungsbereichs nicht als Mediator tätig werden, da der
Grundsatz der inhaltlichen Enthaltsamkeit der Mediation mit dem
Führungsgrundsatz der Ergebnisverantwortung kollidiert. Dennoch
können Führungskräfte durch den gezielten Einsatz der Werkzeuge
der Mediation sowie der mediativen Haltung ihre Verantwortung
besser wahrnehmen und mit geringerem Aufwand zu den erforderlichen Ergebnissen gelangen. Hier führen wir einige typische
Merkmale auf, an denen mediative Kompetenz erlebbar wird.

### Aktives Zuhören

Das *aktive Zuhören* ist die meist bekannte und auch meist unter-
schätzte Kommunikationsfähigkeit. Gerade weil sie zu unserem
Handwerkszeug als Berater gehört, wissen wir um die viele Übung
und Selbstdisziplin, die erforderlich ist, um das Ziel des aktiven
Zuhörens zu erreichen: Sein Gegenüber auf allen Ebenen verstehen
mit Kopf, Herz und Bauch. Hören, was gesagt wird, Befindlichkeit
erspüren und auch das Unausgesprochene, das zwischen den Zeilen
mitschwingt, wahrnehmen, ansprechen, es dabei ernst nehmen,
indem es der eigenen Bewertung entzogen wird. Damit entsteht ein
Verstehen, das weit über das gesprochene Wort hinausgeht und
Begegnung auf einer zutiefst menschlichen Ebene erzeugt. Dieses
Verstehen ist die Basis für ein erfolgreiches Miteinander. Das gilt im
Privaten genauso wie im Arbeitsalltag. Doch was genau macht das
aktive Zuhören so anspruchsvoll und schwierig?
Beim Zuhören entstehen innere Bilder, Bewertungen und Gefühle.
Das Gehörte erinnert uns an etwas, das wir in ähnlicher Weise selbst
schon einmal erlebt haben. Aus diesen Erfahrungen haben wir
Überzeugungen gewonnen, wie mit solchem Erleben umzugehen
ist. Das Zuhören ist also ein Startimpuls für den eigenen inneren
Kinofilm unserer Erinnerung und Erfahrung. Doch sobald dieser
innere Film läuft, sind wir bei uns und nicht mehr beim Gegenüber.
Statt der Worte oder Fragen des Gegenübers haben wir längst die

eigenen Antworten auf die eigenen Probleme parat, die bestenfalls zufällig mit denen unseres Gegenübers zu tun haben. So entstehen Aussagen wie *„Ja genau, das kenne ich auch. Da muss man nur ..."* ... und dann folgt der eigene Rat-Schlag, der selbst als gut gemeintes Hilfsangebot wie ein Schlag ins Gesicht erlebt werden kann oder ähnliche fragwürdige Wirkung erzeugt.

Da sich beim Zuhören das Entstehen des eigenen Kopfkinos nicht verhindern lässt, besteht nun die große Herausforderung im gezielten Kanalisieren des eigenen Kinofilms. Dieser erschwert zwar aktives Zuhören, kann aber gleichzeitig auch nützliche Ressource sein. Somit geht es beim aktiven Zuhören um eine sehr hohe Aufmerksamkeit nicht nur für sein Gegenüber, sondern auch für sich selbst. Es geht um die Wahrnehmung der Wirkung, die das Gehörte bei sich selbst erzeugt. Ist das gelungen, folgt dann auch zusätzlich noch die Trennung von dem, was das Eigene ist und nur mit mir zu tun hat, und dem, was für mein Gegenüber hilfreich ist. Darin liegt der enorm hohe Anspruch, der über konsequente und regelmäßige Übung erreichbar ist.

Doch damit immer noch nicht genug der Herausforderung, denn für Führungskräfte gibt es noch eine weitere, die durch den Druck ihrer Ergebnisverantwortung erzeugt wird. Dieser sorgt dafür, dass während des Zuhörens ganz automatisch die Suche nach möglichen Lösungen erfolgt. Dabei besteht die große Gefahr darin, dass zwar ganz schnell eine Lösung gefunden wird, diese jedoch überhaupt nicht zum Problem passt, da die Zeit nicht ausreichte - oder besser gesagt - sich nicht genommen wurde, den Kern des Problems wirklich zu verstehen.

Hier einige Tipps für aktives Zuhören:
Legen Sie für den Zeitraum des aktiven Zuhörens den Rucksack Ihrer Lösungsverantwortung ab und stellen sie ihn in Gedanken neben sich. Setzen Sie sich dafür einen Zeitraum. Zu Beginn reichen ein paar Minuten schon völlig aus. Richten Sie nun Ihre Aufmerksamkeit gleichzeitig auf sich und Ihr Gegenüber:

- Woran denken Sie? Suchen Sie nach Lösungen?
- Wohin geht beim Zuhören Ihre Aufmerksamkeit: Zu Ihren eigenen Gedanken? Oder zu anderen Dingen, die im Außen passieren?
- Was erleben Sie, wenn Sie die Gedanken Ihres Gegenübers nachvollziehen: Fällt es Ihnen leicht oder erleben Sie dabei einen inneren Widerstand?
- Was nehmen Sie neben dem gesprochenen Wort noch wahr? Was steht zwischen den Zeilen des Gesagten?
- Was sagen Körperhaltung, Körperspannung, Atem, Sprechgeschwindigkeit, Gestik, Mimik Ihres Gegenübers aus?
- Wie reagiert Ihr eigener Körper? Welche Impulse steigen in Ihnen auf?

Nehmen Sie all dies bewusst wahr - nicht mehr, aber auch nicht weniger. Zu Beginn werden Sie diese Wahrnehmungsübung als sehr anstrengend erleben, doch nach einer Zeit des Übens reduziert sich die Anstrengung. Dann können Sie Ihre Wahrnehmungen in Gesprächen auch gezielt nutzen. Über dieses Ernstnehmen von Subjektivität entstehen in Beziehungen neue Qualitäten mit motivierender Wirkung.

*Empathie*

Empathie ist eine grundlegende menschliche Fähigkeit. Wie die letzten zwanzig Jahre der Gehirnforschung gezeigt haben, verfügt unser Gehirn über sogenannte Spiegelneuronen, die in der Lage sind, die gesamte Palette menschlicher Gefühle zu imitieren. Das zeigt sich deutlich an Körperreaktionen beim Anschauen von Filmen: Obwohl die einzige Aktivität des Zuschauers die Beobachtung ist, wird das Beobachtete dennoch in seiner ganzen emotionalen Fülle miterlebt. Ob Edgar Wallace, Fußballspiel oder Liebesromanze: Ohne unsere Spiegelneuronen wäre all dies ziemlich langweilig. Wir verfügen also über die angeborene Fähigkeit, das Erleben anderer Menschen nachzuempfinden. Diese Fähigkeit ist für Führungsaufgaben von unschätzbarem Wert, weil Empathie es ermöglicht,

Motivationen zu erkennen und dann auch gezielt zu nutzen. Doch häufig erleben wir Führungskräfte, denen es noch nicht so gut gelingt, das Erleben ihrer Mitarbeiter nachzuvollziehen. Übungen zum aktiven Zuhören wirken hier Wunder, denn das aktive Zuhören ist die Basis der Empathie. Wenn Ihnen aktives Zuhören gelingt, können die folgenden Hinweise insbesondere bei schwierigen Gesprächen für Ihren Führungsalltag nützlich sein.

Hier einige Tipps für den Ausbau Ihrer Empathie:

- Legen Sie auch hier den Rucksack Ihrer Lösungsverantwortung ab und suchen Sie nach dem wirklich Wichtigen. Um was genau geht es Ihrem Gegenüber?
- Sprechen Sie das an, was Sie zwischen den Zeilen wahrgenommen haben. Äußern Sie Ihre Vermutungen in wertschätzender Form als Hypothese und Angebot für Ihr Gegenüber.
- Betrachten Sie Ihr Handeln wie das Kinderspiel des Topfschlagens, bei dem Ihre Vermutungen ein „Treffer" sein können, oder eben auch nicht. Wenn Sie dabei alle Abwertungen und Verurteilungen unterlassen, ist es gar kein Problem, wenn Sie beim Topfschlagen etwas „Falsches" vermutet haben. Das Gegenteil ist meist der Fall: Ihr Verhalten wird als Bemühen des Verstehenwollens erlebt und erzeugt Dankbarkeit und erhöht die Qualität des Kontaktes. Bleiben Sie so lange in diesem Modus, bis Sie bei Ihrem Gegenüber eine Entspannung wahrnehmen können. Das ist ein sicheres Zeichen für gelungene Empathie. Danach nehmen Sie Ihren Lösungsverantwortungsrucksack wieder an sich.

### Reframing und Wertebewusstheit

Reframing bedeutet, Dinge in einem anderen Sinnzusammenhang zu betrachten, um ihnen eine andere Bedeutung zu geben. Wo es gelingt, Bedeutungsvielfalt zu erreichen, erweitern sich auch die Handlungsmöglichkeiten. Jedoch fällt es uns Menschen schwer, mit Bedeutungsvielfalt umzugehen, weil unser Gehirn nach Eindeutigkeit sucht. Stellen Sie sich folgende Situation vor:

*Sie gehen samstagvormittags durch eine belebte Fußgängerzone.
Dort sehen Sie eine Bekannte, die wortlos an Ihnen vorbeigeht.
Sie ärgern sich über diese arrogante Zicke und beschließen, sie
zukünftig auch nicht mehr zu grüßen.*

Betrachten wir diese Situation in Zeitlupe, um die Vielfalt der
Möglich-keiten und ihre Vielschichtigkeit zu entdecken. Dazu
zerlegen wir diese Geschichte in sechs Schritte auf dem Weg von
einer Situation zur Handlung. Dieser Weg vollzieht sich beim
Menschen in Bruchteilen von Sekunden. Es ist (fast) wie ein unbe-
wusster Reflex. Betrachten wir zunächst die genaue Schrittfolge, die
von einer bestimmten Situation zu einer Handlung führt (in
Anlehnung an Ross, 1996, 279, *„Die Abstraktionsleiter"*).

## 1. Situation
Es gibt eine bestimmte Situation, in der ich mich befinde.

*„Sie gehen samstagvormittags durch eine belebte Fußgängerzone."*

## 2. Wahrnehmung
Diese Situation prasselt mit einer Flut an Informationen auf mich
ein, die ich gar nicht alle aufnehmen kann. Dafür ist im Gehirn ein
Überlastungsschutz eingebaut, der nur bestimmte Details frei-
schaltet, die dann in die bewusste Wahrnehmung gelangen.

*„Dort sehen Sie eine Bekannte, die wortlos an Ihnen vorbeigeht"*

## 3. Sinngebung
Das, was meine Wahrnehmung erreicht hat, versuche ich einzuordnen, indem ich es mit etwas mir Bekanntem vergleiche. Dafür
„krame" ich in meinen Erfahrungen, bis ich etwas gefunden habe,
das ähnlich ist. Was ich wahrnehme, muss einen Sinn ergeben, weil
der Verstand etwas Sinnleeres nicht aushält. Deshalb suche ich
solange nach dem Sinn, bis ich mir etwas konstruiert habe,
das für mich Sinn macht.

*„… die wortlos an Ihnen vorbeigeht …"… die tut so, als ob sie mich nicht sehen würde und will wohl nichts mit mir zu tun haben…*

### 4. Bewertung

Nun überprüfe ich, wie sehr der gefundene Sinn meinen eigenen Wertemaßstäben entspricht. Hier entstehen nun die Emotionen: Je größer die Differenz ist, die ich zu meinem Wertemaßstab feststelle, desto unwohler, je kleiner die Differenz, desto wohler fühle ich mich.

*„Sie ärgern sich über …" …ich würde niemals so reagieren, und warum die? Die ist absolut asozial….*

### 5. Überzeugung

Das was ich bis hierher erlebt habe, dient nun der Festigung meiner ohnehin bereits vorhandenen Überzeugung. Dafür dienen mir Verallgemeinerungen, die mich bestärken uns mir Halt geben. So wird meine Wahrnehmung in zukünftigen Situationen auch wieder so ausgerichtet, dass sie der Stärkung meiner Überzeugung nutzt.

*„… diese arrogante Zicke …" mit solchen Leuten kann man nicht klarkommen*

### 6. Handlung

Ich handle auf Basis meiner stabilisierten und bestärkten Überzeugung.

*„… und beschließen, sie zukünftig auch nicht mehr zu grüßen."*

Mit der Logik dieser sechs Schritte konstruieren wir uns unsere Realität. Darüber hinaus erzeugen wir in dem Moment, in dem wir eine Bewertung vornehmen, unsere eigenen Gefühle und damit auch unsere emotionale Belastung. Über die Veränderung der Bewertung kann eine Veränderung der emotionalen Belastung erreicht werden.

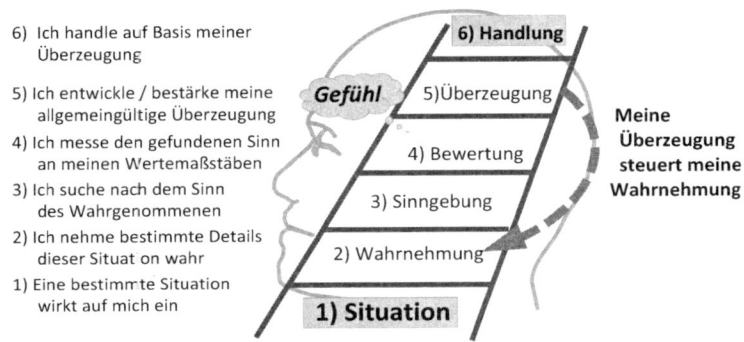

6) Ich handle auf Basis meiner
   Überzeugung

5) Ich entwickle / bestärke meine
   allgemeingültige Überzeugung

4) Ich messe den gefundenen Sinn
   an meinen Wertemaßstäben

3) Ich suche nach dem Sinn
   des Wahrgenommenen

2) Ich nehme bestimmte Details
   dieser Situat on wahr

1) Eine bestimmte Situation
   wirkt auf mich ein

*Abbildung 28: Die Konstruktion der eigenen Realität*

Nehmen wir an, Sie haben sich mit einem Kollegen für ein wichtiges Gespräch verabredet. Doch der Kollege erscheint nicht zum Gespräch und sie haben keine Information, wo er sich befindet und wissen auch nicht, warum er nicht erscheint. Sie ärgern sich darüber und Ihr Ärger nimmt sich so viel Raum, dass Ihnen alles andere nicht mehr gelingt: So hat Ihr Ärger Sie fest im Griff. Sie sollten versuchen, die Macht über sich selbst wieder zu erlangen.

**Wenn „es" etwas mit mir macht,
dann hat „es" Macht über mich.**

Natürlich haben Sie viele Gründe sich über Ihren Kollegen zu ärgern, so beispielsweise über seine Unzuverlässigkeit, seine Unpünktlichkeit, seine Respektlosigkeit, seine Dreistigkeit, seine Frechheit, seine Unbekümmertheit oder vieles mehr. Nun ist die Frage, ob der Zustand, in dem Sie sich nun befinden, Sie als gut bewerten und sich darin wohlfühlen, oder nicht. Wenn Sie sich mit Ihrem Ärger wohlfühlen oder wenigstens immer noch handlungsfähig sind, brauchen Sie nichts zu verändern. Wenn Ihnen diese Situation jedoch nicht gut tut, dann kann es sehr nützlich sein, sich selbst folgende Frage zu beantworten:

**Was ist die Kehrseite der Medaille?**

Hier sind zahllose Antworten denkbar: Sie haben Zeit für andere Dinge geschenkt bekommen, Sie können daran den Umgang mit plötzlichen Veränderungen lernen, Sie können daraus für das nächste Mal Vorkehrungen treffen, Sie nutzen die freie Zeit, um sich zu entspannen und vieles mehr. Auch Ihre Bewertungen sind sehr nützlich, um das Gute im Schlechten zu ermitteln. Beim Begriff *„Unzuverlässigkeit"* sind Sie vermutlich sicher, dass daran nun absolut nichts gut sein kann. Da es kein Licht ohne Schatten gibt, muss es überall dort, wo es Schatten gibt, auch irgendwo Licht geben. So laden wir Sie nun zum Perspektivwechsel ein, um zu entdecken, was das Gute und damit das Licht des Schattens der Unzuverlässigkeit sein könnte: Stressfreiheit, Gelassenheit, Leichtigkeit, Entspanntheit, Spontaneität, Flexibilität usw.

Diese Art der Betrachtung hat nichts mit „Schönreden" zu tun, sondern dient Ihrem Schutz vor emotionaler Überhitzung. Denn die Bewertung, die Sie einer Situation geben, entscheidet über die Intensität der Emotionen. Eine zu hohe Intensität Ihrer Emotionen reduziert Ihre Wahrnehmung und Handlungsfähigkeit. Hierzu meint der phrygische Philosoph Epiktet:

> *„Es sind nicht die Dinge, die uns beunruhigen,*
> *sondern die Meinungen, die wir von den Dingen haben."*

Sobald es Ihnen gelingt, Ihre eigene emotionale Temperatur zu steuern, wird es Ihnen immer besser gelingen, auch andere Menschen in ihrer Emotionalität zu steuern. In Verbindung mit aktivem Zuhören und empathischer Zuwendung ist Reframing ein sehr nützliches Werkzeug. Eine wirksame Hilfe für das Reframing ist das Wertequadrat (Helwig, 1965). Das Wertequadrat beschreibt zu jedem Wert drei weitere Werte, die untrennbar miteinander verbunden sind. Dabei gibt es zu jedem Wert einen positiven Gegenwert (Links – Rechts). Jeder Wert wäre ohne seinen Gegenwert nichts wert, deshalb benötigen sie sich gegenseitig. Beide Werte gelangen bei Überdosierung in einen negativen Bereich (Rechtsextremismus - Linksextremismus).

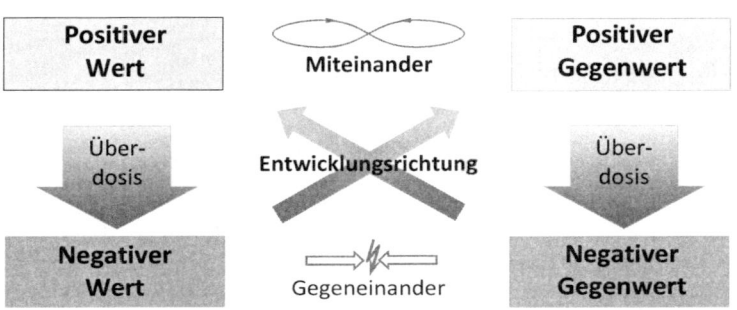

*Abbildung 29: Das Wertequadrat*

Positiver Wert und positiver Gegenwert gehören zusammen wie zwei Seiten einer Medaille. Bei beiden Werten führt eine Überdosierung ins Negative. In Konflikten werden sich die Streitenden genau diese ins Negative übertriebenen Werte vor. Damit erlebt jeder die (negative) Abwertung seiner (positiven) Werte. Gegen diese Verletzung wehren sich die meisten Menschen mit aller Kraft. So erhalten eskalierende Konflikte ihren Antrieb.

Hier einige Tipps für das Üben von Reframing mithilfe des Wertequadrats:

Wenn Sie abwertende Begriffe hören, suchen Sie nach den Gegenwerten des Schlechten. Damit erweitern Sie nach und nach Ihre eigenen Bewertungsmöglichkeiten. Nutzen Sie die folgenden vier Schritte:

1. *Finden Sie einen Namen für das störende Verhalten (z. B. Aktionismus)*
2. *Was wäre das nicht minder schlimme, exakte Gegenteil davon? (Erstarrung)*
3. *Was wäre das Körnchen Wahrheit im Gegenteil? (Bewahren)*
4. *Was ist das Körnchen Wahrheit im störenden Verhalten? (Verändern)*

Zusätzlich empfehlen wir folgende kleine Veränderung in Ihrer Kommunikation: Achten Sie einmal darauf, was passiert, wenn jemand „*Ja, aber ...*" gesagt hat. „*Ja, aber...*" ist häufig Ausdruck des Gegeneinanders der Werte und führt leicht in die Verhärtung des **entweder - oder**. Probieren Sie stattdessen „*Ja, und ...*" aus. Damit wird das Miteinander unterstützt, weil es ein *sowohl - als auch* fördert, dass dem anderen seinen Wert nicht nehmen will.

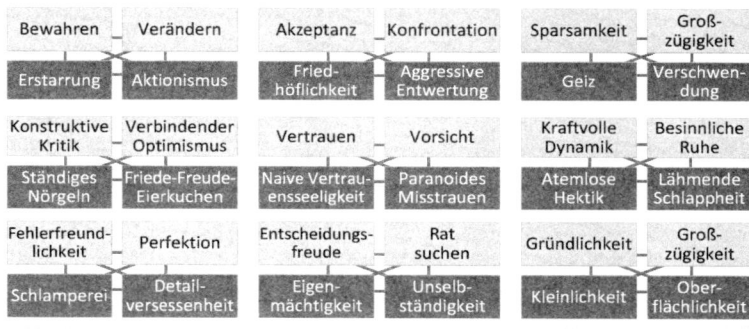

*Abbildung 30: Beispiele zum Wertequadrat*

Eine weitere Hilfe stellten wertneutrale Formulierungen dar. Diese sind nützlich, um widerstreitende Positionen zu einem gemeinsamen Gespräch einzuladen. Wenn dabei Werte mit gesellschaftlichem Ansehen wie Pünktlichkeit, Ordnung, Präzision, Qualität Thema sind, formt sich wie von selbst eine moralische Keule, die allen Beteiligten verdeutlicht, wer *der Gute* und wer *der Böse* ist. Damit wird der Böse in eine Verteidigungsposition gedrängt, die ein Gespräch auf Augenhöhe ziemlich erschwert. Hier bieten wertneutrale Formulierungen Abhilfe. Dafür muss ein übergeordnetes und wertneutrales Thema gefunden werden, zu dem beide Seiten *ja* sagen können.

| Negativ bewertende Begriffe | Übergeordnetes wertneutrales Thema |
|---|---|
| Vertrauensseligkeit – Misstrauen | Orientierung im Miteinander |
| Schlamperei – Detailversessenheit | Ausprägung der Arbeitsergebnisse |
| Unpünktlichkeit – Kleinkariertheit | Umgang mit der Zeit |
| Erstarrung – Aktionismus | Stimmigkeit von Handlungen |
| Verschwendung – Geiz | Einsatz von Ressourcen |
| Allgemein Belastendes, Konflikt | Aspekte der Zusammenarbeit |

*Übersicht 31: Wertneutrale Formulierungen*

Der bewusste Umgang mit Werten in der Kommunikation erfordert viel Übung. Es ist schon viel gewonnen, wenn Sie in der Kommunikation auf Bewertungen achten. Diese Wahrnehmungsausrichtung erleichtert die Umsetzung dieser Hinweise.

*Ambiguitätstoleranz*

Für Mediatoren sind widersprüchliche Situationsbeschreibungen der Streitparteien völlig normal. Diese Widersprüchlichkeit erzeugt bei vielen einen Drang zur Wahrheitssuche, schnellen Entscheidungen oder anderen Ausprägungen von Lösungsfallen. Würde ein Mediator diesem Drang nachgeben, wäre seine Arbeit wenig erfolgreich. Deshalb gehört das Zulassenkönnen von Mehrdeutigkeiten zu den wichtigen Fähigkeiten eines Mediators. Auch der Führungsalltag ist voller komplexer Situationen und permanenter Veränderung. Kausale Ursache-Wirkungsketten sind die Ausnahme. Ein unüberschaubares Netz von Wirkung und Wechselwirkungen ist Normalzustand (vgl. Barthel 2011, Erpenbeck 2011). Die damit einhergehende Ungewissheit erfordert insbesondere von Führungskräften das Ertragenkönnen von Mehrdeutigkeiten, Widersprüchlichkeiten, ungewissen und unstrukturierten Situationen oder unterschiedlichen Erwartungen und Rollen, die an die eigene Person gerichtet sind (Reis, 1997). Dies beschreibt Ambiguitätstoleranz als eine Fähigkeit, Widersprüchlichkeit solange auszuhalten, bis die gefundenen Lösungen tatsächliche Lösungen sind und keine Lösungsfallen. (*Lösungsfallen sind daran zu erkennen, dass die Lösungen von heute die Probleme von morgen erzeugen oder das eigentliche Problem nicht lösen, sondern stabilisieren*). Fehlt diese Fähigkeit, können unlösbare Widersprüche auf Dauer zu Erkrankungen führen. Ambiguitätstoleranz wird durch Wertebewusstheit und insbesondere durch die Fähigkeit zur wertneutraler Formulierung gefördert. Hier eine Hilfe zur Selbsteinschätzung Ihrer Ambiguitätstoleranz (nach Hansch, 2009).

Wo finden Sie sich eher wieder: A oder B?

| | A | B |
|---|---|---|
| Denken in | Extremen (gut/schlecht) | Kompromissen, Grautönen |
| Denken in | 100% Sicherheiten | Wahrscheinlichkeiten |
| Wertungen und Wahrheiten werden | absolut gesetzt | im Kontext relativiert |
| Wortwahl, z. B. | immer, alle, total | häufig, manche, andererseits |

*Übersicht 32: Selbsteinschätzung der Ambiguitätstoleranz*

Wenn Sie sich eher bei A wiederfinden, versuchen Sie, häufiger B in Betracht zu ziehen. Lösen Sie sich von der Idee, allen Problemen mit formaler Logik und Vernunft begegnen zu können. Betrachten Sie Ihre Werte, Einstellungen und Verhaltensweisen nicht als allgemeingültigen Handlungsrahmen. Üben Sie sich im Zulassen von Grautönen, indem Sie bei Ihren Bewertungen den Zusammenhang mit dem Kontext herstellen und relativieren.

## Kritikfähigkeit

Ein Mediator gibt sein Bestes, um Konfliktparteien auf den Weg zu einem gelösten Umgang mit ihrem Konflikt zu führen. Dabei kann es vorkommen, dass seine gute Absicht verkannt wird und er plötzlich zur Projektionsfläche für den Frust der Streitenden wird. Er sieht sich Vorwürfen ausgesetzt, die zwar als Projektion nichts mit ihm zu tun haben, aber dennoch mehrere Wirkungen erzeugen. Wer als Mediator von dieser Dynamik *„kalt erwischt"* wird, läuft in Gefahr, seinen Halt zu verlieren. So kann sich eine innere Empörung über das Verkennen seiner guten Absicht und seines Bemühens sowie die Geringschätzung seiner Leistung so viel Raum nehmen, dass ein Weiterarbeiten unmöglich wird. Das muss ein guter Mediator zu verhindern wissen, indem er auch in solchen Situationen in seiner Rolle bleibt und weiterhin empathisch und wertschätzend auf die Konfliktparteien

eingeht, bis die Vorwürfe geklärt sind. Gleichzeitig darf die
Fähigkeit des „*Abperlenlassens von Vorwürfen*" nicht übertrieben
werden, denn sonst nimmt sich der Mediator wertvolle Lernchancen
einer möglicherweise berechtigten Kritik. Der Umgang mit Kritik
zwischen den Polen „*von sich weisen*" und „*ganz auf sich beziehen*"
erfordert eine ausbalancierte Bewusstheit über sich selbst. Merkmal
dieser Bewusstheit ist ein regelmäßiger Abgleich von Selbst- und
Fremdbild, insbesondere bei belastenden Themen und Kritik. Diese
wertvollen Weg-weiser sind für Mediatoren und Führungskräfte in
gleicher Weise nützlich. Zusätzlich sind regelmäßige kollegiale
Beratungen, als eine zielorientierte Methode des von- und
miteinander Lernens, sowie auch Supervisionen sehr hilfreich, um
die Bewusstheit über sich selbst weiterzuentwickeln und den eigenen
blinden Fleck über den Abgleich von Selbst- und Fremdbild zu
reduzieren. Bei diesem Vorgehen entsteht eine weitere wertvolle
Wirkung: Wer einen ressourcenorientierten Umgang mit Selbstkritik
gelernt hat, dem fällt es leicht, andere ebenso ressourcenorientiert
und wertschätzend zu kritisieren. Damit wird eine demotivierende
Wirkung von Kritik deutlich reduziert.

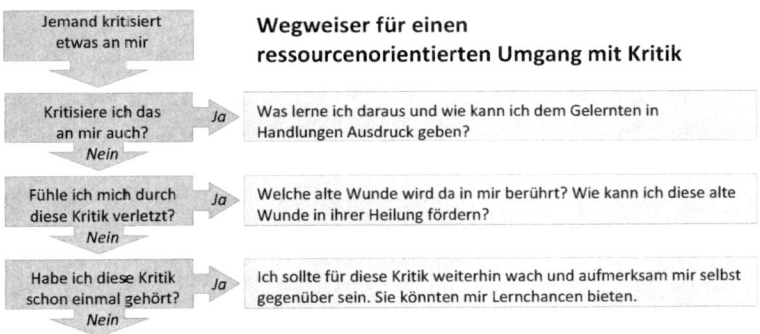

*Abbildung 33: Kritik als Reflexionshilfe*

Der Ausstieg aus dem Teufelskreis der Projektionen (vgl. S.27) erfordert die Bereitschaft zur Auseinandersetzung mit der Frage nach dem eigenen Beitrag zur Situation.

*Konfliktfähigkeit*

Bei diesem weiten Feld ist besonders für Führungskräfte die Bereitschaft wichtig, aktiv in Konflikte hineinzugehen, denn Organisation ist Konflikt. Diese Tatsache erfordert die Fähigkeit eines sozial verträglichen Umgangs mit einer Konfliktsituation. Gleichzeitig heißt es aber auch, unbequemen Konfliktsituationen standzuhalten, indem Grenzen deutlich sichtbar gemacht werden. Dazu bedarf es der Fähigkeit, die eigene emotionale Temperatur zu regeln. Als Orientierung dient das Modell der drei Gehirnetagen (Robrecht 2010, 23 ff.) bestehend aus Großhirn oder auch *Chef-Etage* mit seiner Funktion *„Rationales"*, dem limbischen System oder auch *Gefühls- und Erinnerungsetage* mit seiner Funktion *„Emotionales"* sowie dem Stammhirn, auch Reptilienhirn genannt oder auch *Selbstschutz- Etage* mit seiner Funktion *„Instinktives"*.

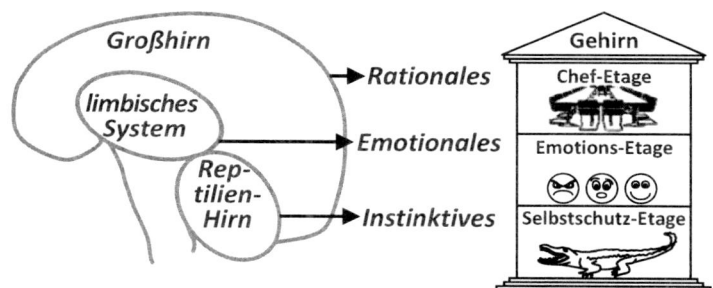

*Abbildung 34: Gehirnfunktionen*

Äußere Impulse stimulieren die Gefühlsetage und können bis zur Selbstschutzetage gelangen, wo sie unbedachte, reflexartige Reaktionen hervorrufen können, die manchmal auch unangemessen sein können. Vor dieser Fremdstimulation gilt es sich zu schützen. Die

Aktivierung der Selbstschutzetage reduziert die Handlungsmöglichkeiten auf die drei Grundreflexe von Kampf, Unterwerfung oder Flucht.
Wertequadrat und regelmäßige Reflexionen verhelfen zur Entwicklung der Schutzfunktion des Reptilienhirns vor Fremdstimulation.
Je ausgeprägter die damit einhergehende Selbstbeherrschung wird,
desto souveräner wirken die Verhaltensweisen - besonders in
kritischen Situationen.
Wenn Sie wissen, dass Sie mögliche Angriffe aus der Bahn werfen
könnten, helfen folgende Gedanken bei der mentalen Vorbereitung,
die emotionale Temperatur in der konkreten Situation zu regeln:

- Der Angreifer arbeitet nicht *gegen mich*, sondern *für sich*. Es gibt
  etwas, das ihm ganz wichtig ist und das er bedroht sieht. Darum
  kämpft er. Sein Widerstand ist der Wegweiser zu dem, für was er
  kämpft. Deshalb danke ich ihm für seinen Kampf, der mir die
  Chance bietet, das, was ihm wirklich wichtig ist, zu entdecken.

- Wenn ich mich durch eine Aussage meines Gegenübers
  angegriffen oder bedroht fühle, halte ich meine spontanen Ver-
  teidigungsreaktionen zurück. Stattdessen konzentriere ich mich
  auf das Anliegen hinter der Aussage und frage interessiert nach,
  was genau mein Gegenüber zum Ausdruck bringen will und
  schaue ihm dabei mit aufrechtem Körper und wachem Blick in
  die Augen.

- Bevor ich mich auf einen emotionalen Schlagabtausch einlasse,
  mache ich mir klar, was das übergeordnete Ziel ist, das zu erreichen *mir* wichtig ist und konzentriere mich auf das für die Zielerreichung Hilfreiche.

### Steuerung der Prozessgeschwindigkeit

Prozesse haben nicht nur ihre eigene Dynamik, sondern auch ihr eigenes Tempo. Mal läuft der Prozess recht schleppend, mal überschlagen
sich die Ereignisse und dann ist plötzlich alles wieder ganz normal.
Für Entscheider mit Prozessverantwortung stellen sich permanent

die Fragen nach dem richtigen Tempo und der Dosierung. Wann ist es gut, den Prozess in seinem eigenen Tempo laufen zu lassen, wann muss die Bremse angezogen werden und wann gilt es, ihn zu beschleunigen? Auf diese Fragen gibt es keine eindeutigen Antworten, aber einige Grundsätze, die es zu beachten gilt.

Zunächst gibt es eine Differenz zwischen äußerer und innerer Zeit. Die äußere Zeit zeigt die Uhr, sie ist für alle gleich und immer gleich schnell. Das Tempo der inneren Zeit wird vom subjektiven Zeiterleben gesteuert und ist manchmal viel zu langsam, beispielsweise bei einer unbefriedigenden Besprechung, und zum Zeitpunkt des Urlaubs viel zu schnell vorbei. Diese vom subjektiven Erleben erzeugten Unterschiede bilden die Grundlage der individuellen Bewertung der Prozessgeschwindigkeit. Und diese wird von den Prozessbeteiligten höchst unterschiedlich bewertet:

## 1) *Überdosierung*

Häufig anzutreffen ist die Tendenz, den Prozessen ihre Zeit nicht zuzugestehen. Die häufigsten Beschleuniger sind Ergebnisdruck und vor allem Ungeduld. Hierzu zwei Gedankensplitter: *„Alles hat seine Zeit"* und *„Das Gras wächst nicht schneller, wenn man daran zieht".* Mit einem zu hohen Tempo steigt die Gefahr der Reduzierung von Nachhaltigkeit und dem verpassen von Lernchancen sowie der Lösungsfallen. Die Kehrseite der Medaille ist eine hohe Umsetzungsorientierung.

## 2) *Unterdosierung*

Aber auch das Gegenteil, das Verschleppen von Prozessen ist anzutreffen. Meist besteht bei den Entscheidern eine große Angst davor, die als erforderlich erkannten Veränderungen umzusetzen. Merkmal dieses Zustandes ist die Wiederholung von Absicherungsversuchen durch objektive Aspekte. So wird immer wieder aufs Neue überprüft und bewertet, ohne dass ein Schritt vorwärts erfolgt. Die Kehrseite der Medaille ist eine hohe Sorgfalt und Präzision.

### 3) Nulldosierung

Aber es gibt auch eine spezielle Ausprägung der Unterdosierung, bei der zwar keine Angst handlungsleitend ist, sondern vielmehr fehlender Wille. Dann liegt eine Symbiose vor, die ein Prozessmusterwechsel erfordert (vgl. *Problembereitschaft* S. 118). Die Kehrseite der Medaille ist die Würdigung des Alten oder des noch Vorhandenen.

Die Beantwortung der Frage nach dem richtigen Tempo muss zahlreiche miteinander vernetzte Faktoren berücksichtigen. Dazu gehören objektive und subjektive Kriterien gleichermaßen. Deshalb ist diese Frage hochkomplex und erfordert letztlich eine verlässliche Intuition und immer wieder Nachfragen bei den anderen. Eine Feedbackkultur sowie regelmäßige Reflexionen fördern ihre Entwicklung. Hilfreich ist auch das Modell vom Haus der Veränderung (S. 117) und dabei insbesondere die Auseinandersetzung mit Trauerprozessen in Veränderungssituationen. (Bauer-Mehren 2010: 97-111)

### Klare Kommunikation

Hier schließt sich nun der Kreis zum aktiven Zuhören. Klare Kommunikation erfordert ein Bewusstsein dafür, dass jeder der vier Stufen im Sender-Empfänger-Modell von gemeint, gesagt, gehört, verstanden eine Einladung zu Missverständnissen enthält.

*Abbildung 35: Hürden in der Kommunikation*

Um diese zu vermeiden, ist eine bifokale Aufmerksamkeit für mich und mein Gegenüber erforderlich. Mit der Aufmerksamkeit bei mir kann ich für mich überprüfen, ob das, was ich gemeint habe, mit dem, was ich gesagt habe, übereinstimmt. Das ist oftmals gar nicht so einfach, wie es auf den ersten Blick scheint. Nun gilt es zu überprüfen, ob mein Gegenüber meine Botschaft hat hören können und ob seine Aufmerksamkeit auf das Senden meiner Botschaft ausgerichtet und damit empfangsbereit ist. Wenn auch das sichergestellt ist, kann ich davon ausgehen, dass der Empfänger über zahlreiche Filter verfügt, die meine Sendung verändern. Insbesondere in angespannten Situationen wirken diese Filter so stark, dass eine Übereinstimmung von Gesendetem und Verstandenem ein seltener Glücksfall ist, der eher als Zufall betrachtet werden kann. Wird die Frage „Haben Sie mich verstanden?" mit einem „Ja" beantwortet, steigt die Wahrscheinlichkeit eines Missverständnisses drastisch an. Das klingt wie ein Widerspruch. Doch die Antwort „Ja" unterstützt eher die Illusion, dass die Botschaft verstanden worden wäre, ohne dass festgestellt wird, was *genau* verstanden wurde.

Besonders in schwierigen Situationen, wenn die Kommunikationspartner Eskalation vermeiden wollen, wird Kommunikation oftmals unklar und schwammig. Damit passiert genau das, was vermieden werden sollte, nur zu einem späteren Zeitpunkt. Deshalb ist die einzige Chance in einer größtmöglichen Klarheit beim Senden mit gleichzeitiger Überprüfung, was der Filter verändert hat. Das kann ein mehrmaliges Senden in unterschiedlichen Variationen erfordern, so lange, bis die Sendung in einer für den Sender akzeptablen Form empfangen wurde. Das erfordert nicht nur Empathie, sondern auch viel Geduld im Dialog. Mit einiger Übung gelingt es dann, klar in der Sache und sanft zu den Menschen zu sein. Hier empfehlen wir die Lektüre von Friedemann Schulz von Thun „Miteinander Reden" sowie Christoph Thomann „Klärungshilfe".

## Bereitschaften

Damit die Fähigkeiten zur Wirkung kommen, muss nicht nur das
Können vorhanden sein, sondern auch das Wollen. Erst dann folgen
Handlungen, die neue Realitäten erzeugen. Wenn Fähigkeiten vorhanden sind, aber gezielte Handlungen und somit die geforderten
Ergebnisse ausbleiben, lohnt sich die Suche nach dem guten Grund,
der dem Wollen im Wege steht. Hier bieten wir einige Perspektiven,
die uns in unserer Arbeit nützliche Orientierung geben.

### Veränderungsbereitschaft

Die meisten Ratsuchenden haben eine konkrete Vorstellung davon,
wie die Veränderung auszusehen hat. Oft soll das Alte und Vertraute zurückgeholt werden, nur eben ohne die aktuellen Probleme.
Selbst wenn das Alte offensichtlich als negativ bewertet wurde, so
lässt sich dennoch immer wieder feststellen, dass das vertraute
Elend häufig beliebter ist, als das unbekannte Glück. Beachtet man
die Logik der einzelnen Räume im *Haus der Veränderung* (Fry,
Killing 2000), so unterliegt jeder Veränderungsprozess dem Kreislauf von Selbstzufriedenheit über Ablehnung durch die Verwirrung
hin zur Erneuerung und mündet schließlich wieder in der Selbstzu-
friedenheit, womit ein neuer Kreislauf beginnt. (Robrecht 2010, 99ff).
Zu Beginn jeder „*richtigen*" Veränderung steht also immer Ablehnung,
das ist ein Phänomen des Bestrebens der Selbststabilisierung von
Systemen (von Ameln 2007 / Haken 2003). Hinzu kommt, dass jeder
Mensch über sein eigenes Tempo verfügt, und verschiedene Menschen
in gleicher Situation sich in unterschiedlichen Räumen aufhalten.
Das wird besonders deutlich, wenn Menschen mit unterschiedlichen
Rollen aufeinandertreffen. So befindet sich eine Führungskraft, die
ihren Mitarbeitern Veränderungen vorstellt, schon längst im Raum
der Erneuerung, weil sie den Raum der Ablehnung und Verwirrung
bereits hinter sich gelassen hat. Wenn sie nun ihre Mitarbeiter mit
der Veränderung konfrontiert und begeisterte Reaktionen erwartet,

ist nachhaltige Enttäuschung die Folge. Mangelnde Ablehnung ist sicheres Zeichen für Unwirksamkeit einer Veränderung, deshalb ist Ablehnung sogar erforderlich. Überwunden kann die Ablehnung nur durch eine temporäre starke Betonung der sozialen Aspekte.

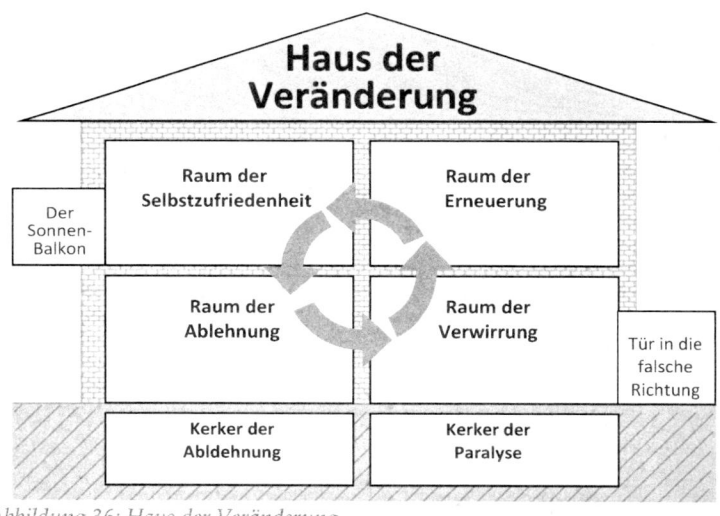

*Abbildung 36: Haus der Veränderung*

Die folgenden Gesetzmäßigkeiten gelten für alle Lern- und Veränderungsprozesse:

*Alle Räume werden gegen Uhrzeigersinn nacheinander durchlaufen*

*Kein Raum kann übersprungen werden*

*Jeder Mensch hat sein eigenes Tempo*

*Es kommen nicht alle Menschen mit*

*Problembereitschaft*

Wie wir im ersten Teil der Konfliktbetrachtung festgestellt haben, wird mit einer Intervention Dritter, wie z. B. eine Mediation, kein Konflikt bearbeitet, sondern nur den durch den Konflikt hergestellten Zustand. Somit handelt es sich um *Problem*bearbeitung. Dabei wird klar, dass es Zustände gibt, die keiner Beraterintervention bedürfen, wie der Zustand *Lösung*. Deutlich ist auch, dass eine Beraterintervention nur beim Zustand *Problem* Sinn macht. Richtig spannend wird es beim Zustand *Symbiose*, welcher in Organisationen in Form festgefahrener Konflikte, verkrusteter Strukturen oder so genannter *„Gewohnheitsrechte"* sehr häufig anzutreffen ist. Beraterinterventionen bei Symbiosen münden häufig in unbefriedigenden Ergebnissen. Symbiosen sind nicht immer gleich erkennbar, weil sie sich fast immer als Problem tarnen. So kommt ein Prozess trotz allen Bemühens des Beraters nicht zum gewünschten Ergebnis. Alle Beteiligten sind damit höchst unzufrieden, weil sich die Investition an Zeit und Geld nicht gelohnt hat. Am Ende hat der Berater versagt. Deshalb ist es wichtig, Problem und Symbiose unterscheiden zu können. Das gilt für Berater genauso wie für Führungskräfte, denn diese Unterscheidung bietet hilfreiche Orientierung für Interventionen (vgl. *„Zustand Symbiose,,* S. 66).

Eine Beraterintervention erfordert immer den Zustand *Problem*. Soll der Zustand *Symbiose* verändert werden, ist eine Führungsintervention erforderlich, die nicht durch den Berater erfolgen kann. Der Berater kann bestenfalls eine *Symbiose* diagnostizieren. Die Führungsintervention sorgt dafür, dass die *Symbiose* eine Veränderung erfährt. Entweder stellt sich eine *Lösung* ein, weil die Streitenden sich *„zusammenreißen"* und ihrer eigentlichen Aufgabe nachkommen, oder es entsteht ein *Problem* (vgl. *Abbildung 18: Konfliktinterventionsmodell* S. 70). Bei diesem Zustand kann der Berater seine Arbeit (wieder) aufnehmen. Dafür müssen die Beteiligten *„problembereit"* sein. Doch wie kann das erreicht werden?

Hier lohnt sich noch einmal der Blick auf die Aspekte Kompetenz und Funktion. Mit ihrer Hilfe zeigen wir auf, wie die gewonnen Erkenntnisse in der Praxis für die Rollen *„externer Berater"* und *„Führungskraft"* zum Einsatz kommen. Dabei nehmen wir keine umfassende Konfliktdiagnose vor, da sie für unser Vorgehen wenig Handlungsorientierung bietet. Wir konzentrieren uns bei der Diagnose auf die Feststellung, ob ein Problem vorliegt. Wenn nicht, gibt es für uns auch nichts zu tun. Wenn doch, dann überprüfen wir, ob es sich nicht um eine als Problem getarnte Symbiose handelt.

# Der Nutzen dieser Bestandteile

Betrachten wir einen Konflikt zwischen zwei Kollegen, bei dem diese beiden keinen Anlass ungenutzt lassen, emotional, lautstark und beleidigend aneinanderzugeraten. Ihr Umfeld leidet darunter, weil es die Art der Auseinandersetzungen als Störung erlebt. Dadurch bleibt die Arbeit liegen oder wird behindert. Jedenfalls entsprechen die Arbeitsergebnisse nicht den Anforderungen. Damit kommt nun der Chef ins Spiel, denn in seiner Verantwortung liegt die Qualität der Arbeitsergebnisse.

## Die Strukturebenen

Nun nutzen wir einen weiteren Vorteil unserer Konfliktdefinition. Er besteht in der Trennung der Strukturebenen durch die einfache Frage: Wer erlebt welche Begrenzung? Die Konfliktstruktur (die beiden streitenden Kollegen) wird für die Organisation nur dann relevant, wenn durch ihre Außenwirkung betriebliches Handeln begrenzt wird. Erst dann passt es zur Mission der Organisation, Ressourcen soweit aufzubringen, bis diese nachteilige Wirkung der Konfliktstruktur auf die Organisation verschwunden ist.

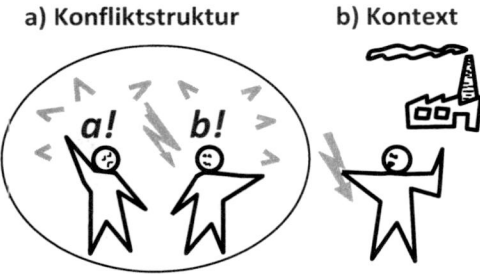

a) Konfliktstruktur          b) Kontext

*Abbildung 37: Strukturebenen im Konflikt*

In unserem Beispiel der streitenden Kollegen gibt es eine nachteilige Wirkung auf die Organisation. Für die weitere Betrachtung ist die Ursache des Streits von untergeordneter Bedeutung. Sie spielt nur für die Streitenden eine Rolle, nicht aber für den Kontext. Wichtig ist zu sehen, dass für den Kontext nicht etwa der Konflikt ein Problem darstellt, sondern die Außenwirkung, also die *Form* der Auseinandersetzung und nicht der Inhalt. Die Aufgabe des Kontextverantwortlichen, für Ergebnisse in seiner Abteilung zu sorgen, wird durch die Auswirkung des Konflikts behindert. Kollegen, die ihre Arbeit verrichten wollen, fühlen sich bei heißen Konflikten durch die heftige Emotionalität begrenzt.

Nun sagen diese beiden Streitenden zwar, dass sie unter diesem Streit leiden, aber jeder Versuch der nachhaltigen Veränderung scheitert. Somit scheinen sie irgendeinen Nutzen davon zu haben, den Streit aufrechtzuerhalten und befinden sich damit im Zustand *Symbiose*. Was auf den ersten Blick unsinnig erscheint, hat für die Beteiligten häufig einen subjektiven Gewinn, der manchmal auch unbewusst vorhanden ist. Dies kann erhöhte Aufmerksamkeit anderer sein, es kann Ablenkung von anderen Themen sein wie beispielsweise der eigenen Minder- oder Fehlleistung, es kann das Dampfablassen sein, das durch den Druck von Problemen zu Hause oder an anderer Stelle entsteht und auch viele weitere Gründe.

Den Zustand der Symbiose gibt es aber auch bei Konflikten, bei denen die direkte Kommunikation zwischen den Konfliktparteien gestört ist. Anstelle des direkten Kontakts erfolgt der Rückzug auf Regeln und Vorschriften. Dabei wird unendlich viel Schriftliches produziert, meist in Form von Emails, die kaum jemand lesen mag. Auch hier erleben die Menschen im Umfeld der Konfliktparteien diese Art der Austragung als eine ihre Arbeit behindernde Begrenzung und dies führt zur Reduzierung der Arbeitsqualität. Für den Umgang mit dieser Folgeerscheinung der Konfliktaustragung trägt die Führungskraft die Verantwortung.

Daraus ergeben sich nun die zwei bereits erwähnten spannenden Fragen:

**1. *Wie lässt sich eine Symbiose erkennen?***

**2. *Wie wird die Symbiose zum Problem?***

## Symbiose erkennen

Wie bereits erwähnt, tarnen sich Symbiosen häufig als Problem und sind höchst selten offensichtlich. Es gibt jedoch einige deutliche Indikatoren für Symbiosen.

### Suche von Gründen statt Lösungen
Eine Orientierung bietet folgender Gedanke:

> *„Wer etwas will, findet Wege, wer etwas nicht will, findet Gründe."*

Alle Beteiligten führen immer wieder Gründe auf, mit denen betont wird, warum Veränderungen im derzeitigen Zustand unmöglich sind.

### Der Gegner als Legitimation des eigenen Verhaltens
Die Legitimation des eigenen Fehlverhaltens wird mit dem Fehlverhalten des anderen begründet:

> *„Ich würde mich ja gerne anders verhalten, aber der andere zwingt mich mit seinem Verhalten dazu, mich so zu verhalten. Erst muss der Andere sich anders verhalten, dann verhalte auch ich mich anders."*

Das eigene Verhalten wird als alternativlos betrachtet und zusätzlich die Verantwortung für das eigene Handeln dem Gegenüber zugeschrieben. Richtig verschärfend ist diese Form, wenn beide Seiten dies in gleicher Weise tun.

## Ausblenden der eigenen Anteile

Die Frage nach dem eigenen Beitrag zum Konflikt wird zurückgewiesen. Zusätzlich wird betont, dass der Andere der böse Täter und man selbst nur das arme Opfer ist. Auch hypothetische Fragen bleiben unbeantwortet:

*„Einmal angenommen, auch Sie hätten einen – wenn auch nur klitzekleinen - Anteil daran, dass die Situation so ist, wie sie ist, welcher könnte das sein?"*

## Komplexitätsreduktion

Da die hohe Komplexität der Konfliktsituation schwer auszuhalten ist, erfolgt eine Reduktion auf diejenigen Bestandteile, die das eigene Bild bestätigen. Jede weitere Sichtweise, die das eigene Bild infrage stellen könnte, wird ausgeblendet oder abgelehnt.

*„Die Dinge sind genauso, wie ich sie sehe. Alles andere ist reine Halluzination oder Lüge oder irrelevant. Punktum."*

## Unerfüllbare Bedingungen

Eine Konfliktpartei stellt als Bedingung für ihre Kooperationsbereitschaft beispielsweise ein Schuldeingeständnis der anderen Seite:

*„Wenn sich der andere für sein Fehlverhalten bei mir entschuldigt, bin ich gerne bereit, mich wieder mit ihm an einen Tisch zu setzen."*

Wohl wissend, dass der Andere seine Schuld nicht eingestehen wird, (weil er vielleicht tatsächlich keine Schuld trägt oder weil er dadurch nicht mehr auf Augenhöhe verhandeln kann) täuscht eine solche Forderung Kooperationsbereitschaft vor. Tatsächlich dient sie viel mehr als Poliermittel des eigenen und vielleicht bereits schon angekratzten Images, als dass sie zur Lösung des Problems wirksam beitragen würde.

**Reduzierte Bereitschaft zur Verantwortungsübernahme**
Zusammenfassend lässt sich feststellen, dass bei Symbiosen die Bereitschaft, für das eigene Handeln Verantwortung zu übernehmen, stark reduziert ist.

„Ich kann nichts dafür. Die anderen / die Umstände sind schuld." Menschen im Zustand der Symbiose stehen nur begrenzte Handlungsmöglichkeiten zur Verfügung, weil sie von einem Gegenüber sowie seinen Reaktionen und Verhaltensweisen abhängig sind. Es ist sehr schwer, in diesem Zustand eine Veränderung aus eigener Kraft zu erreichen. Damit eine Veränderung trotzdem gelingt, ist ein hoher Leidensdruck in Kombination mit einem kräftigen Veränderungsimpuls erforderlich. Meist muss dieser Impuls von außen initiiert werden, weil innere Impulse nicht stark genug sind. So kann die Befreiung aus der Fessel der Symbiose gelingen.

## Symbiosen auflösen

Wenn die Zustandsänderung der Symbiose nicht aus eigener Kraft der Betroffenen gelingt, ist der bereits erwähnte äußere Impuls in Form eines Machteingriffs erforderlich, der durch den Kontext Legitimation erhält. Diese legitime Form des Machtgebrauchs erfolgt von einer Person mit Kontextverantwortung (Chef, Lehrer, Eltern, Richter). Für den Machteinsatz müssen zwei Bedingungen erfüllt sein:

*1. Der Kontext erlebt eine Begrenzung durch den Konflikt*

*2. Selbst- oder Fremdlösung ist nicht möglich*
*(wegen zu hoher Eskalation oder Symbiose)*

Kontextlegitimierter Machteingriff ist also *Chefsache*. Der Chef trägt die Verantwortung dafür, dass die geforderten Ergebnisse erreicht werden. Auf dem Weg dorthin erlebt der Chef die Wirkung der Handlungen seiner Mitarbeiter als Begrenzung. Somit hat der Chef nun auch einen Konflikt. In seiner Verantwortung liegt es nun, seinen Konflikt - und nicht etwa den seiner Mitarbeiter - in den Zustand der Lösung zu führen. Wie macht er das?

Fatal wäre, wenn er sich in den Konflikt seiner Mitarbeiter inhaltlich einmischen würde, indem er ihnen sagt, wie sie ihren Konflikt zu lösen haben, damit der Streit ein Ende hat. Selbst wenn die Mitarbeiter über fachliche Themen streiten, muss sich der Chef zuerst auf seinen Konflikt konzentrieren und damit auf die Begrenzungen durch die Form des Streits und nicht auf seinen Inhalt, so groß die Verführung auch sein mag. Die differenzierte Betrachtung von Inhalt und Form ist bei der Bearbeitung von Konflikten grundsätzlich hilfreich. Eskalationen entstehen häufig durch die Missachtung dieser Differenz. So kann eine Partei inhaltlich durchaus recht haben, doch wenn beispielsweise die Art der Darstellung auf die andere Partei beleidigend wirkt, dann wird sich die andere Partei über die Form beschweren, selbst wenn sie inhaltlich zustimmen könnte. So kommt es zum nicht enden wollenden Streit zwischen zwei Konfliktparteien. Jeder hat recht, der eine inhaltlich und der andere formal, doch beide kommen nicht weiter.

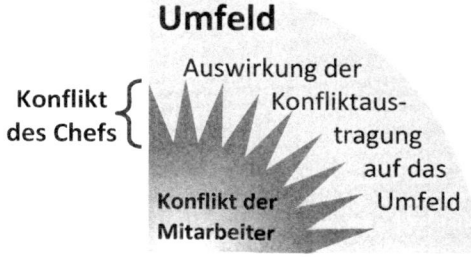

*Abbildung 38: Unterschiedliche Konfliktebenen*

Als Führungskraft gilt es genau zu prüfen, auf welcher Ebene von wem eine Intervention erfolgen kann. Viele Führungskräfte tappen in die Falle der Grenzüberschreitung einer inhaltlichen Einmischung – und das meist mit der besten Absicht, helfen zu wollen oder

aufgrund einer falsch verstandenen Ergebnisverantwortung. Streitenden Mitarbeitern gelingt es immer wieder, ihren Chef als
Schiedsrichter oder gar als Verbündeten in ihren Streitigkeiten zu
missbrauchen, um einen Sieg über ihren Konfliktgegner zu erlangen. Dieses Spiel zu erkennen und zu unterbinden ist ebenfalls
*Chefsache*. Der Berater kann beim Erkennen und dem Finden einer
angemessenen Intervention unterstützen.

Der Chef beginnt nun mit der Bearbeitung seines Konflikts, indem
er Maßnahmen ergreift, die seine erlebte Begrenzung beenden.
Diese sind die Auswirkungen der Konfliktaustragung seiner Mitarbeiter auf das Umfeld, also die Belastung des Arbeitsklimas durch
die Art des Umgangs mit dem Konflikt. So kann der Chef seinen
Mitarbeitern sinngemäß zum Ausdruck bringen:

*„Die Leistungen in meiner Abteilung entsprechen nicht mehr den*
*Anforderungen. Eure Art zu streiten, behindert das Erreichen der*
*geforderten Ergebnisse, für die ich verantwortlich bin. Deshalb*
*will ich, dass diese Belastung aufhört. Überlegt Euch, wie ihr das*
*Ende der Belastung herstellen könnt, und gebt mir nächste Wo-*
*che eine Antwort darauf. Solltet ihr keine Antwort finden, werde*
*ich Maßnahmen ergreifen, damit die Belastung endet. Dieses*
*könnte Versetzung in eine andere Abteilung, Zuteilung eines*
*andern Aufgabengebietes oder auch Abmahnung sein."*

Damit bleibt der Chef bei seiner Verantwortung, ohne sich in den
Konflikt der Mitarbeiter einzumischen. Gleichzeitig erzeugt er damit
legitimen und notwendigen Veränderungsdruck auf die Symbiose.
Er zeigt seinen Mitarbeitern die Verantwortung für die betrieblichen
Auswirkungen ihres Konflikts und zeigt die möglichen Folgen auf,
wenn sie ihre Verantwortung nicht wahrnehmen. Für die beiden
streitenden Mitarbeiter folgt daraus, dass ihr Umgang miteinander
eine Zustandsänderung erfährt und die *Symbiose* nun zum *Problem*
oder zur *Lösung* wird.

### Von der Symbiose zur Lösung

Lösung entsteht, wenn die Streitenden sich selbst auf die Suche nach Veränderung im Umgang mit ihrem Konflikt begeben. Das gelingt dann, wenn in der Symbiose zwar der Veränderungswunsch gefehlt hat, die Konfliktparteien aber durchaus in der Lage gewesen wären, mit ihrem Konflikt eine andere Art des Umgangs zu erreichen. Damit war zwar das *Können* vorhanden, nicht aber das *Wollen*. Diese Symbiosen haben für die Konfliktparteien meist einen Spielcharakter. Sie verspüren neben dem Ärger über ihr Gegenüber auch eine gewisse Freude an der Auseinandersetzung und auch an den Resonanzen aus ihrem Umfeld. Durch die angekündigten Konsequenzen übersteigt der mögliche Preis ihrer Auseinandersetzung ihren Lustgewinn. Damit wird das Wollen durch den aufgebauten Druck gefördert.

### Vom Problem zur Lösung

Es kann aber auch sein, dass Wollen und Können gleichzeitig fehlen. In diesem Fall liegt ein *Problem* vor. An dieser Stelle kann nun die Beraterarbeit erfolgen. So kann nun der Chef als zusätzliche Unterstützung anbieten:

> *„Und wenn es euch beiden schwerfällt, miteinander ins Gespräch zu kommen, biete ich euch an, dass ein Mediator eure Klärung unterstützt, damit ihr schneller wieder die Leistung erbringt, für die ihr hier bezahlt werdet."*

## Unveränderbare Symbiosen

Es gibt auch Situationen, in denen Symbiosen nicht veränderbar sind, oder für ihre Veränderung ein nicht vertretbar hoher Ressourceneinsatz erforderlich wäre. Besonders in Veränderungsprozessen bestätigt sich immer wieder die Gesetzmäßigkeit *„Es kommen nicht alle Menschen mit"*. Als Mediator weiß ich, dass mit konsequentem

Einsatz mediativer Kompetenzen nahezu jeder Mensch sich irgendwann verstanden fühlt und danach in der Lage ist, seine Handlungsmöglichkeiten zu erweitern und seine eigenen Blockaden
aufzulösen. Als Führungskraft weiß ich aber auch, dass die dafür
erforderlichen Ressourcen an Zeit und Geld nicht immer vorhanden
sind oder auch die Bereitschaft für diese Investition fehlt. Dies zu
akzeptieren ist für mich immer wie eine anspruchsvolle Herausforderung für Mediator, Führungskraft und Mitarbeiter.

## Fazit

Mit dieser multifokalen Betrachtung von Konflikten in Organisationen wird deutlich, dass jeder Beteiligte seinen Beitrag zum Erfolg
der Organisation zu leisten hat und auch Verantwortung für sein
Handeln und sein Unterlassen trägt. Individuelle Befindlichkeiten
zu achten, ist wichtig, doch dieses Bestreben kann immer nur im
Einklang mit der Mission der Organisation stehen.
So ist auch der Einsatz von Mediation zu sehen, der von der verantwortlichen und inhaltlich unbeteiligten Führungskraft durchaus
auch verordnet werden kann. Wobei die Verordnung in eine Veränderung der Art zu Streiten abzielt und Mediation dafür als Ressource angeboten wird.
All denjenigen, die sich die Frage stellen, ob ein Kontextverantwort-
licher, so wie bei *„Symbiosen auflösen"* geschildert, überhaupt vorgehen darf, sagen wir: Er muss so handeln. Es ist Managementaufgabe, Grenzen zu definieren und zu sichern. Die Belastung der
Organisation durch die Konfliktaustragung der Mitarbeiter bedroht
die Erfüllung der Mission der Organisation. Ein Chef darf es nicht
zulassen, dass Mitarbeiter für die Austragung persönliche Konflikte,
welche die Erfüllung der Mission behindern, auch noch durch Zah-
lung von Gehältern belohnt werden. Deshalb ist es Chefsache,
missions- und existenzgefährdendes Verhalten zu unterbinden und
wenn nötig auch durch Machteingriff.

Im Übrigen ist er durch Gesetze und Betriebsvereinbarungen legitimiert, dies so zu fordern und Sanktionen zu gebrauchen. Die Mitarbeiter sind durch Betriebsverfassungsgesetze und Mitsprachepflichten vor Willkür geschützt.

- Jede Handlung im Auftrag einer Organisation muss einen Beitrag zur Erfüllung der Mission leisten. Diesem Grundsatz hat sich jeder Mitarbeiter und Dienstleister, also auch Berater und Mediatoren, unterzuordnen.

- Mediation ist keine Konfliktbearbeitung, sondern Problembearbeitung. Die Bearbeitung der Konflikte und die Verantwortung für ihre Lösung und Nicht-Lösung bleiben stets bei den Konfliktparteien.

- Führungskräfte haben die Aufgabe, ihre Mitarbeiter bei der Selbstlösung ihrer Konflikte zu stärken, sofern dies der Zielerreichung dient. Dafür können sie verschiedene Wege wählen. Das Angebot von Mediation, als eine letzte Chance zu Selbstlösung, bevor es „kracht", kann Bestandteil des Weges sein.

- Beraterinterventionen erfordern den Zustand *Problem.*

- Konflikte, die sich im Zustand *Symbiose* befinden und verändert werden sollen, erfordern einen Machteingriff durch eine Person mit Kontextverantwortung, um den Zustand *Problem* oder *Lösung* herzustellen.

# TEIL III: HANDLUNGEN

In diesem Teil beantworten wir die Frage, wie die gewonnen Erkenntnisse im Alltag der Organisationen genutzt werden können. Wir beschreiben die Handlungsmöglichkeiten für Berater und Entscheider, die über mediative Kompetenzen verfügen. Ohne diese Kompetenzen werden die dargestellten Vorgehensweisen ihre Wirkung verfehlen. Zu Beginn richten wir den Blick auf förderliche Rahmenbedingungen, deren Fehlen die Umsetzung der Erkenntnisse erschwert oder sogar unmöglich macht.

# Beeinflussende Rahmenbedingungen

Die Handlungsmöglichkeiten werden neben Kompetenzen auch durch den Kontext ermöglicht und begrenzt. Zunächst betrachten wir einige Einfluss nehmende Umfeldfaktoren.

## Organisationskultur

Kultur ist ein Ausdruck davon, wie Menschen einer Gruppe wahrnehmen, denken, handeln oder fühlen. Bezeichnet man alle Mitarbeiter einer Organisation als eine Gruppe, dann lässt sich auch einem Unternehmen oder einem Bereich, einer Abteilung, ja sogar einem Team im Unternehmen eine jeweils eigene Kultur zuschreiben. Betriebswirte, Organisationsforscher, aber auch Soziologen, Psychologen und Ethnologen gehen seit vielen Jahren dem Phänomen der Unter-nehmens- bzw. Organisationskultur nach. Dieses Phänomen lässt sich sehr schwer fassen, obwohl fast jeder ein „Gefühl" davon hat, was seine Organisationskultur auszeichnet. Edgar Schein beschreibt Organisationskultur so:

*Organisationskultur ist das Muster von Grundannahmen, die eine Gruppe erfunden, entdeckt oder entwickelt hat ... und die sich soweit bewährt haben, dass sie als gültig betrachtet werden und deshalb neuen Mitgliedern als die richtige Haltung gelehrt*

*werden sollen, mit der sie ... wahrnehmen, denken und fühlen*
*sollen. ... Organisationskultur lässt sich als eine Art gemeinsam*
*akzeptierte Realitätsinterpretation darstellen, die im Austausch*
*mit der Umwelt über das tägliche Tun entsteht ... und die das*
*Unternehmensgeschehen nachhaltig, aber unsichtbar ... be-*
*einflusst.*

Einem externen Berater kann die Auseinandersetzung mit der Kul-
tur ein hilfreicher Wegweiser für wirkungsvolle Interventionen sein.
Da alle Wahrnehmungen und Gefühle (Grundannahmen) von dem
Grad der Befriedigung der Grundbedürfnisse nach Sicherheit, Au-
tonomie und Beziehung *„gesteuert"* werden, macht es Sinn, diese
Ebene zu beachten, sofern Nachhaltigkeit gewollt ist. Um uns dieser
Ebene anzunähern, nutzen wir Persönlichkeitsmodelle. Diese dienen
als Reflexionshilfe für das eigene Weltbild. Hier ein kurzer Einblick:

| Grundmuster | „Stratege" | „Diplomat" | „Kämpfer" |
|---|---|---|---|
| Entscheidungs-findung | zögernd, erst abwägen | intuitiv, Suche nach Konsens | impulsiv, zielgerichtet |
| Sehnsucht nach | Sicherheit, Fakten, Perfektion | Beziehung, Nähe, Verstehen, gutes Image | Autonomie, Durchsetzung, Zielerreichung, |
| Furcht vor | Fehlverhalten, Kontrollverlust, Orientierungs-losigkeit | Ablehnung, nicht ange-nommen sein, Imageverlust | Abhängigkeit, weich sein, ausgelacht werden |
| Gefühl | Angst | Trauer | Wut |
| Lösungsstrategie | Regeln | Verhandlung | Machteinsatz |
| unter Stress | Rückzug | Anpassung | Kampf |

*Übersicht 39: Grundmuster Enneagramm*

Da Modelle häufig als *„Persönlichkeitstest"* dargestellt werden, wird
ihnen eine Definitionsmacht über die Feststellung einer *„richtigen"*
und *„falschen"* Persönlichkeit zugeschrieben. Diese Erwartung wird

kein Modell erfüllen. Wir sehen den Nutzen von Modellen in der Möglichkeit, mit ihrer Hilfe blinde Flecken wahrzunehmen und bei Bedarf zielgerichtet Veränderung vorzunehmen. Modelle verhalten sich zur Realität wie eine Landkarte zur Landschaft. So wie ein Blick auf die Landkarte kein Ersatz für die Reise sein kann, ist die Betrachtung eines Modells kein Abbild der Realität. Doch Landkarte und Modell können die Orientierung in der Realität erleichtern und bislang unbekannte Wege aufzeigen. Als ein solches Modell nutzen wir die drei Grundmuster im Enneagramm. Im Normalfall verfügt ein Mensch über Merkmale aller drei Muster. Wenn er sich jedoch in einer Situation befindet, die er als bedrohlich erlebt, und damit ein state of mind von „schwierig" oder gar „instinktiv" entsteht, tritt eines der drei Muster deutlich in den Vordergrund. Die Fähigkeit und Bereitschaft (Kompetenz) sich auch der anderen beiden Muster zu bedienen, geht verloren. Diese drei Grundmuster und ihre Dynamik lassen sich auch auf Gruppen und Organisationen übertragen, denn die Verhaltensweisen und Dynamiken sind durchaus vergleichbar.

In Organisationen arbeiten Menschen mit allen drei Grundausprägungen. Ziel von Interventionen ist es, die drei Grundbedürfnisse von Sicherheit, Beziehung und Autonomie in ein ausgewogenes Verhältnis zueinander zu bringen (vgl. Kreuser, Robrecht 2008). Erst dann werden die Prozesse in einer Organisation „rund laufen". Die Praxis zeigt, dass in Konfliktsituationen mindestens eines der drei Grundbedürfnisse entweder übererfüllt oder blockiert ist. Damit entsteht eine Schräglage, die nach Ausgleich strebt. Solange keine Ausgewogenheit erreicht ist, bindet dieses Bestreben Kräfte im Inneren durch den permanenten Versuch, eine Balance herzustellen. Diese gebundenen Kräfte fehlen für das Erreichen der gesteckten Ziele. So steht dann einer Organisation nur ein Teil der menschlichen Leistungsfähigkeit zur Verfügung. Diese Muster sind nicht starr und können sich verändern. Auch innerhalb einer Organisation unterscheiden sich Abteilungen durch ihre eigene Kultur, die geprägt wird von der Historie und dem vorhandenen Führungsstil.

| | | Sicherheitskultur | Beziehungskultur | Autonomiekultur |
|---|---|---|---|---|
| **Übertrieben** | Indikatoren | Ausgeprägte Regelwerke „Das haben wir noch nie so gemacht"; Kreativität unerwünscht, weil „gefährlich"; wer weiß, wo was geschrieben steht, hat gewonnen | Der Sinn der Arbeit wird aus dem Blick verloren; Das „Wir" und die Befindlichkeiten sind wichtiger als Ergebnisse: „Gut, dass wir darüber gesprochen haben"; „Wir haben uns alle lieb" | „Ober sticht Unter"; Ellenbogenmentalität ; Die Schwachen sind die Dummen; ausgeprägte Tendenz zur Polarisation; Benennung von Befindlichkeiten wird als Schwäche ausgelegt |
| | Interventionen | Konzentration auf die Wirkung: Welche Wirkung nehmen unsere Regeln auf unseren Daseinszweck? Welchen Gewinn hätten wir durch weniger Regeln? | Konzentration auf die Arbeitsergebnisse: Was ist unsere Aufgabe und was brauche ich, um meine Arbeit gut durchzuführen? Wofür werde ich bezahlt? | Konzentration auf die offene Benennung der Wirkung: Was stört mich? Worüber mache ich mir Gedanken? Was würde ein Außenstehender über uns sagen? |
| **Blockiert** | Indikatoren | Große Angst; wenig Sicherheit; Regentschaft des Geldes; Misstrauen und Unterstellung böser Absichten, Wahrnehmen von Willkür | Wir-Gefühl über Pflege von Feindbildern; wenig offene Rückmeldungen; Erhöhte Mobbing-Anfälligkeit, ausgeprägte Paarbildung | Machteinsatz ist tabu; verdeckte Aggressionen, abweichende Meinungsäußerung unüblich; friedlich und höflicher (friedhöflicher) Umgang |
| | Interventionen | Konzentration auf die Stärkung der Sicherheit: Was nimmt mir/ was gibt mir Sicherheit? Wie wirkt sich das auf meine Arbeit aus? | Konzentration auf die Stärkung der Beziehung durch Feedback: Was mir den Umgang mit Dir schwer macht | Konzentration auf die Stärkung der Autonomie: Ich darf hier sagen, was mir wichtig ist! Meine Meinung ist gefragt und ich darf sie auch haben! |

*Übersicht 40: Organisationskulturen am Beispiel eines Persönlichkeitsmodells*

Weiteren Einfluss auf die Organisationskultur nehmen insbesondere die Entwicklungsphasen von Organisationen sowie Markteinflüsse besonders dann, wenn diese von existenzieller Bedeutung sind.

## Entwicklungsphasen von Organisationen

Die Übertragbarkeit von Persönlichkeitsmodellen auf Organisationen gilt auch für die Entwicklungsphasen, die jeder Mensch in seinem Leben durchläuft, von der Kindheit zur Pubertät, dann ins Erwachsenalter und schließlich hin zur Altersweisheit. Normal ist, dass sich jeder Wechsel von einer Phase in die nächste ganz allmählich vollzieht und mit spezifischen Schwierigkeiten und Konflikten verbunden ist. Dabei entsteht eine unvorhersehbare Prozessdynamik durch das Wechselspiel von eigener Entwicklung und äußerer Resonanz. Hier ein kurzer Einblick in die vier Entwicklungsphasen von Organisationen nach Glasl und Lievegoed (2004):

*1) Pionierphase (Neuland im Blick - Ärmel hoch und los)*
Selbstbild: Wir sind eine große Familie - von Spontaneität und Improvisation geprägt

*2) Differenzierungsphase (Blick nach innen- wie arbeiten wir? Strukturen schaffen)*
Selbstbild: Wir funktionieren gut und haben eine klare Führung

*3) Integrationsphase (Blick nach außen & auf Bedürfnisse aller)*
Selbstbild: Wir sind ein lebendiger Organismus und haben den Kunden im Blick

*4) Assoziationsphase (Einheit mit dem Umfeld)*
Selbstbild: Wir sind ein fester Bestandteil der Gesellschaft

Wie viele andere Modelle auch, betrachtet dieser Modell Ursachen von Konflikten und bietet kontextbezogene Antworten. Für das Ziel der Mediation ist es eher von untergeordneter Bedeutung, denn die Förderung und Entwicklung individueller Konfliktkompetenz kann in jeder Entwicklungsphase einer Organisation und eines Menschen stattfinden. Da die hierbei entstehenden Konflikte ebenfalls unlösbar sind, lässt sich bei vorhandener Konfliktkompetenz dennoch im Konfliktkreis der Zustand *Lösung* erreichen.

## Leitbild

Ein Leitbild ist der formale Versuch, soziale Beziehungen zu beschreiben. Verfügt eine Organisation über ein Leitbild, wurde von den Entscheidern erkannt, dass eine Auseinandersetzung mit den sozialen Beziehungen erforderlich ist, um eine Balance zwischen den formalen und sozialen Aspekten zu erreichen. Bei dieser Auseinandersetzung ist nicht das Ergebnis, sondern der Weg das Wichtige. Manchmal wird dieser Grundsatz von den Entscheidern verkannt. Sie beauftragen eine kleine kreative und ergebnisorientierte Arbeitsgruppe mit der Entwicklung eines Leitbildes, welches in kurzer Zeit erstellt ist und dann veröffentlicht wird. So wird der Grundsatz der Ergebnisorientierung, der ein unverzichtbares Merkmal für formale Aspekte darstellt, auf die sozialen Aspekte übertragen. Doch diese Übertragung „funktioniert" nicht, weil die sozialen Aspekte der Gegenpol der formalen Aspekte sind und deshalb Prozessorientierung statt Ergebnisorientierung erforderlich ist. Das bedeutet, dass die Belegschaft in die Entwicklung des Leitbildes einbezogen werden muss. Wo dies fehlt, folgt Enttäuschung, weil die Belegschaft das Geschriebene nach der Devise handhabt: *„gelesen - gelacht – gelocht"*. Ein Leitbild soll Orientierung im Miteinander schaffen. Diese Orientierung ist kein einmaliges Ereignis, sondern muss kontinuierlich wieder hergestellt werden. Das geschieht im täglichen Handeln. Somit bietet ein Leitbild immer wieder Kommunikationsanlässe über das individuelle und subjektive Erleben von Handlungen. Der Wert eines Leitbildes lässt sich daran messen, wie häufig es im Alltag zitiert und diskutiert wird. Dabei ist die Frage, wie sehr jeder Einzelne die darin beschriebenen Werte als erfüllt oder nicht erfüllt betrachtet, von untergeordneter Bedeutung. Ein Leitbild ist wie ein Leuchtturm, der Orientierung bietet, ohne dass es erforderlich wäre, ihn jemals zu erreichen. Entscheidend ist die Tatsache, dass im Alltag ein Austausch stattfindet. Dies erfordert von allen Beteiligten die Fähigkeit und Bereitschaft, sich gegenseitig Rückmeldung zu geben und zu nehmen.

## Kommuniziertes Führungs- und Managementverständnis

So wie ein Leitbild Orientierung über ein beabsichtigtes Miteinander bietet, so bietet ein kommuniziertes Führungs- und Managementverständnis Orientierung zu der Frage, in welchem Handlungsrahmen Ergebnisse und Erfolge erzielt werden. Auf die Frage, wie gut die Unternehmensziele erreicht wurden, bietet die Bilanz mit ihren Zahlen, Daten und Fakten Antworten. Damit werden die formalen Aspekte bedient. Unbeantwortet bleibt jedoch die Frage nach den sozialen Investitionskosten, die sich einer direkten formalen Erfassung entziehen. Es lässt sich nicht in Euro beziffern, wie sehr mit einem ausschließlich auf formale Führungsaspekte ausgerichteter Führungsstil die Kreativität und Innovationsfreude von Mitarbeitern reduziert wird. Deshalb sind die daraus resultierenden finanziellen Verluste nicht unmittelbar fassbar, aber existent. Obwohl diese Wirkung unbestritten ist, geben Indikatoren wie Fluktuation, Anzahl der Verbesserungsvorschläge oder Krankenstand nur vage Hinweise auf Optimierungspotenziale. Hier ist eine differenziertere Betrachtung gefragt, wie beispielsweise die im *„Kurz-Check zum balancierten Handlungsmodell"* (S.88 ff) genannten Aspekte. Wichtiges Kennzeichen ist das ernst gemeinte Anliegen, subjektives Erleben der Mitarbeiter in die Bilanzierung des Führungserfolges mit einzubeziehen. Organisationen, für die Feedback eine gewohnte Form der Kommunikation darstellt, haben die größten Umsetzungs- und Erfolgschancen für die Herstellung einer formal-sozialen Handlungsbalance.

## Gezieltes Konfliktmanagement spart Geld

*„Konflikte kosten Geld. Und noch viel mehr..."* stellt Sabine Henke (2011) fest. Wie sie am Beispiel der Sparda-Bank München belegt, gibt es sehr wirksame Wege deutlicher Kostenreduzierung durch gezieltes Konfliktmanagement. Haben Entscheider in Organisationen erkannt, dass immense Kosten erzeugt werden, wenn Konflikte und ihre Zustände sich selbst überlassen werden, ist ein erster Schritt zur Nutzung dieses

Potenzials getan. Auch Wilfried Kerntke (2004) schildert mit seinem entwicklungsorientierten Konfliktmanagement, wie sich diese brach liegenden Potenziale gezielt nutzen lassen.

Organisationen, in denen der Umgang mit Konflikten im Alltag offen thematisiert wird und Optimierungen angestrebt werden, bieten gute Voraussetzungen für ein erfolgreiches integratives Management.

## Glaubwürdigkeit

Die Vorbildfunktion der obersten Leitung und jeder Führungskraft ist der erfolgskritischste Aspekt. In der Organisation verbreitet sich genau das, was von der obersten Leitung gelebt wird. Das gilt für ernsthafte Umsetzungshandlungen genauso wie für Lippenbekenntnisse. Besonders bei der Einführung von Leitbildern steht die oberste Führungsebene unter besonders intensiver Beobachtung durch die Belegschaft. Dabei wird jede Handlung in Bezug zum Leitbild gesetzt, um die Übereinstimmung von propagiertem und wahrgenommenem Handeln zu überprüfen. Ergebnis wird immer die Feststellung einer Differenz sein. Eine wirksame Möglichkeit die daraus folgende Resignation zu reduzieren, ist regelmäßiges Feedback über alle Hierarchieebenen.

## Geduld bei Veränderungsprozessen

Jede Organisation hat eine Kultur, die zufällig gewachsen oder bewusst gepflegt sein kann. Die gezielte Gestaltung der Organisationskultur erfordert je nach Größe und Ausgangskultur mehrere Jahre Zeit. Wer dabei schnelle Ergebnisse erwartet, wird schnell enttäuscht (vgl. „Veränderungsbereitschaft„ S.116). Deshalb sind ernsthafter Wille und viel Geduld aller Beteiligten gefordert, insbesondere der Entscheider und Berater. Der Umgang mit Konflikten in Führung und Management ist ein zentraler Bestandteil der Organisationskultur und bedarf einer besonders hohen Aufmerksamkeit.

# Prozessbegleitung

Bevor ein Berater das tun kann, wofür er aus Kundensicht sein Honorar erhält, muss er einige Stufen der Treppe zum Erfolg besteigen, um zuerst seinen Auftrag zu klären. Wer hier mit sportlichem Ehrgeiz versucht, Stufen zu überspringen, ist im wahrsten Sinnen des Wortes schneller am Ende. Bevor eine Stufe erklommen werden kann, muss zuvor die Kernfrage der vorherigen Stufe mit *Ja* beantwortet werden.

| Stufe | Ziel | Kernfrage |
|---|---|---|
| 1 Innere Auftrags-klärung des Beraters | Die Bereitschaft des Beraters zur Förderung der Mission ist gegeben | Kann der Berater zur Mission der Organisation „Ja" sagen? |
| 2 Auftragsklärung mit Auftraggeber | Der Auftrag des Kontexts ist geklärt | Erteilt der Entscheider einen Auftrag mit Erfolgsaussicht? |
| 3 Auftragsklärung mit Konfliktparteien | Der Auftrag der Konflikt-parteien ist geklärt | Stimmen die Konfliktpar-teien dem Auftrag des Entscheiders zu? |
| 4 Auswahl der Intervention | Die Art der Intervention ist geklärt | Passt die Intervention zum Anliegen und zum Berater? |
| 5 Umsetzung der Intervention | Die Intervention wurde durchgeführt | Wurde der Auftrag erfüllt? |
| 6 Umsetzung der Veränderung im Alltag | Der Leidensdruck ist reduziert | Hat sich die geplante Veränderung als alltags-tauglich erwiesen? |
| 7 Abschluss und Evaluation | Lernen aus dem Prozess-verlauf und den erzielten Ergebnissen | Gibt es eine gemeinsame Bewertung von Ergebnis und Weg? |

Übersicht 41: Die sieben Stufen zum Beratungserfolg in Konfliktsituationen

Permanente Aufmerksamkeit gilt allen Indizien, die den Zustand einer Symbiose vermuten lassen, denn wie bereits erwähnt, tarnen diese sich oft als Problem (vgl. „Problembereitschaft„ S.118 ff).

Zur Erinnerung: Wenn wir von „Berater" reden, so meinen wir sowohl externe als auch interne Prozessberater, die in Konfliktsituationen gerufen werden, um Relationen der sozialen Struktur vom Zustand Problem zum Zustand Lösung zu führen (vgl. S.67).

## 1. Innere Auftragsklärung des Beraters

*Ziel ist die Sicherstellung der Bereitschaft des Beraters zur Missionsförderung. Das Ziel ist erreicht, wenn der Berater zur Mission der Organisation „Ja" sagen kann.*
Interne Berater stehen durch ihren Arbeitsvertrag bereits auf dieser Stufe oder sollten dort stehen. Deshalb ist sie vorwiegend für den externen Berater von Bedeutung. Hier gilt es, noch vor einem ersten persönlichen Kontakt zu überprüfen, ob der Berater den Daseinszweck der Organisation sowie die darin enthaltenen Werte mittragen kann. Ist dies nicht der Fall, kann der Berater keinen guten Job machen. Mit einem Blick auf die Internetpräsenz ist die Ausrichtung der Organisation meist klar erkennbar. Sollte ein Pazifist für ein Rüstungsunternehmen tätig werden, muss er für sich selbst sorgfältig prüfen, ob es seine Haltung erlaubt, der Mission des Unternehmens zu dienen. Ähnliches gilt für einen Tierschützer, der in der Fleischindustrie tätig werden will. Doch nicht alle Werte sind immer gleich erkennbar. So kann es auch passieren, dass erst nach einiger Zeit der Zusammenarbeit die Inkompatibilität der Werte deutlich wird. So muss sich der Berater immer wieder - auch während seines Tuns - die Frage stellen: Kann ich guten Gewissens für diese Organisation tätig sein? Denn letztlich hat jeder, der für eine Organisation tätig ist, seine individuellen Interessen dem Bestreben nach der Erfüllung der Mission unterzuordnen und ihrer Realisierung zu dienen.

## 2. Auftragsklärung mit Auftraggeber

*Ziel ist es, den Auftrag des Kontexts klären. Das Ziel ist erreicht, wenn der Entscheider mit Kontextverantwortung einen Auftrag mit Erfolgsaussicht erteilt hat.*
In Organisationen wird ein Auftrag für eine Konfliktbearbeitung in der Regel von zwei Auftraggebern erteilt: Von einer Person mit Kontextverantwortung, die am Konflikt idealerweise inhaltlich

unbeteiligt ist und hierarchisch über den Konfliktparteien steht. Diese Person nennen wir vereinfacht *Auftraggeber*. Sie trägt Budgetverantwortung, vertritt die grundsätzlichen Interessen der Organisation und sichert in der Rolle als Manager ihre Grenzen. Den zweiten Auftraggeber nennen wir *Konfliktparteien*. Das sind die dem ersten Auftraggeber hierarchisch untergeordneten Mitarbeiter. Auch wenn ein Konflikt zwischen einer Führungskraft und seinen Mitarbeitern bearbeitet werden soll, muss der Auftraggeber hierarchisch über der beteiligten Führungskraft stehen. Diese Unterscheidung der beiden Auftraggeber ist wichtig, weil der Auftrag der Konfliktparteien grundsätzlich im Auftrag des Auftraggebers enthalten sein muss und über diesen nicht hinausgehen darf. Im ersten Schritt ist ein umfassender Auftrag erforderlich, der durch den Kontext definiert wird und der die Grenzen beschreibt, die zu keinem Zeitpunkt übertreten werden dürfen.

Für den Berater besteht die Herausforderung und Notwendigkeit, gleich zu Beginn diesen Rahmen zu erfassen. Je genauer dies gelingt, desto größer wird die Aussicht auf Erfolg. Je unklarer der Rahmen bleibt, desto unwahrscheinlicher wird ein gelungenes Prozessergebnis. Außerdem ist die Klarheit der Grenzen unerlässlich, um im zweiten Schritt den Auftrag mit den Konfliktparteien zu klären.

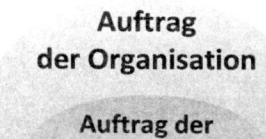

**Auftrag der Organisation**

**Auftrag der Konfliktparteien**

*Abbildung 42: Der Berater und seine Aufträge*

Eine Besonderheit ist die Konfliktbearbeitung auf der obersten Leitungsebene, bei der Auftraggeber und Konfliktpartei identisch sind. Für diese Konstellation bietet der Blick auf Spielfeld und Grenze keine Orientierung. Diejenigen, welche die Grenzen definieren, sind als Konfliktbeteiligte emotional verstrickt und können deshalb die Managementaufgabe der Grenzsicherung gar nicht oder nur sehr bedingt wahrnehmen. Deshalb kann der Berater bei dieser Konstellation nur mit der gesamten Palette der Emotionen arbeiten, welche er auch bei Eskalation sicher handhaben und klären können muss (vgl. Thomann und Prior 2007). Um die Besonderheiten der beiden Auftraggeber zu verdeutlichen, bleiben wir in unseren Ausführungen bei der getrennten Betrachtung von Auftraggeber und Konfliktparteien.

Bei der Auftragsklärung gibt es zwei wichtige Schwerpunkte der Aufmerksamkeit: Aufbau von Vertrauen und Ermittlung der Erfolgsaussicht einer möglichen Beratertätigkeit. Der Vertrauens-aufbau folgt aus der Art und Weise, wie der Berater seine Fragen stellt, wie er dem Auftraggeber zuhört und ihm Verständnis signalisiert und wie authentisch er auf den Auftraggeber wirkt. Das geschieht während der Ermittlung der Erfolgsaussicht, bei der es vier Aspekte zu klären gilt:

*A. Ziel des Beratereinsatzes und die Ergebniszustände*
*B. Definition von Spielfeld und seinen Grenzen*
*C. Verantwortung des Beraters*
*D. Verantwortung des Entscheiders*

### A. Ziel des Beratereinsatzes und die Ergebniszustände

Wer einen Berater engagiert, kauft eine Dienstleitung ein, die dem Käufer einen spezifischen Nutzen bieten muss. Bei Waren lässt sich das Produkt vor dem Kauf begutachten und Qualität und Nutzen dabei erkennen. Selbst später ist Umtausch oder Rückgabe noch möglich. Bei Dienstleistungen ist das nicht gegeben, denn diese werden im Moment der Entstehung verbraucht. Daraus folgt, dass bereits vor der Kaufentscheidung größtmögliche Transparenz über den zu erwartenden Nutzen der Dienstleitung hergestellt werden muss. Das ist für alle Seiten gleichermaßen wichtig: Der Auftraggeber will

sein Geld, das er für die Beratungsdienstleitung ausgibt, gut investiert wissen. Der Berater braucht für die Sicherung seiner Existenz
zufriedene Kunden, die ihn wieder engagieren oder an anderer
weiterempfehlen.

Dafür muss der Berater im Dialog mit dem Auftraggeber die Frage
klären, was nach einer erfolgreichen Beratungstätigkeit anders ist,
als davor. Das führt zur spannenden Frage: *„Wer bemerkt woran, dass
der Berater einen guten Job gemacht hat? Was ist dann anders als jetzt?"*

Üblicherweise zielen die Antworten zunächst auf eine Veränderung
der Konfliktparteien oder der Umstände im Alltag ab: *„Statt sich an-
dauernd zu streiten, herrscht wieder Ruhe. Niemand fühlt sich mehr gestört und meine Leute erledigen ihre Arbeit."*

Hier lohnt es sich, den Suchscheinwerfer weiter in das Umfeld des
Konflikts zu lenken. Dazu dienen Fragen nach weiteren Perso-
nen(kreisen), die von dem Konflikt direkt oder indirekt betroffen
sind. Lohnenswert ist auch die Überprüfung, ob bereits Indizien für
Symbiosen vorhanden sind. Einen ersten Eindruck bietet die Antwort auf die Frage: *„Was wurde bereits unternommen, um das Problem
zu lösen?"* Und noch direkter: *„Wer könnte etwas dagegen haben, dass
das Problem gelöst wird? Wer wird die Lösung als Nachteil erleben?"*

Mit den Antworten werden mehrere Aspekte deutlich: Was genau
soll verändert werden, wer ist alles beteiligt, wie sieht der erwartete
Ergebniszustand aus, wo sind Widerstände zu erwarten.

### B. Definition des Spielfeldes und seiner Grenzen

Gleiches gilt für das Spielfeld und seine Grenzen. Dafür ist es wichtig zu unterscheiden, was feststeht und nicht verhandelbar ist, im
Unterschied zu dem, was offen und gestaltbar ist. Die folgenden
Ausführungen mögen auf den ersten Blick als selbstverständlich erscheinen. Jedoch wenn wir in Organisationen die konkreten Handlungen beobachten, stellen wir immer wieder fest, wie schwer es
vielen Entscheidern fällt, diese *„Selbstverständlichkeit"* umzusetzen.
Wir unterscheiden fünf aufeinander aufbauende Stufen:

| Stufe | Grenze "Das habe ich entschieden:" | Spielfeld "Das will ich mit Euch besprechen:" |
|---|---|---|
| 1) OB | Nichts | Ob etwas getan werden soll |
| 2) WAS | Dass etwas getan werden soll | Was getan werden soll |
| 3) WIE | Was getan werden soll | Wie es getan werden soll |
| 4) WER | Wie es getan werden soll | Wer das tut, was getan werden soll |
| 5) WARUM | Wer das tut, was getan wird | Keines, nur Information |

*Übersicht 43: Das Spielfeld und seine Grenzen*

Hier ist zu klären, auf welcher Stufe sich der Auftrag befindet. Grenze und Spielfeld müssen sich auf derselben Stufe befinden. Ist dies nicht der Fall, gibt es einen geheimen Auftrag, der mit hoher Wahrscheinlichkeit zum Scheitern führt. Wenn der Auftraggeber bereits eine klare Vorstellung davon hat, *was* getan werden soll, und seinen Mitarbeitern sagt, er wolle mit ihnen prüfen, *ob* etwas getan werden soll, dann befindet sich die (geheime) Grenze auf Stufe 3 und das (offizielle) Spielfeld auf Stufe 1 – das kann nicht funktionieren. Trotz dieser einleuchtenden Logik treffen wir im Alltag immer wieder auf diese diffuse Grenze-Spielfeld Verschiebung. Meist versuchen die Auftraggeber, ihre Führungsaufgaben an den Berater zu übergeben. Zwischen den Zeilen hören wir Botschaften wie *„Sorgen Sie dafür, dass die Gruppe die Lösung wählt, die ich längst entschieden habe und sie dabei das Gefühl hat, sie selbst gefunden zu haben"*. Intransparente Lösungsideen des Auftraggebers sind eine der Möglichkeiten der Delegation von Führungsverantwortung. So könnte er bereits über eine nicht kommunizierte Klarheit verfügen, welche Maßnahmen er ergreifen werde. Da er weiß, dass diese für die Mitarbeiter unangenehm sein werden, soll der Berater seine Mitarbeiter *„schonend darauf vorbereiten"* und die Verkündung der unangenehmen Botschaft übernehmen. Auch dieses Anliegen darf der Berater nicht annehmen. Es ist Managementaufgabe, Grenzen deutlich aufzuzeigen und zu sichern. Häufig resultieren solche Manipulationsformen aus der Not der Hilflosigkeit im Umgang mit der eigenen Rolle. Hier wirken wir stärkend, indem wir wertschätzend und unterstützend die Hintergründe beleuchten und nach Möglichkeiten suchen, wie der Leidensdruck des Auftraggebers reduziert werden kann, und dabei jeder in seiner Verantwortung bleibt.

### C. Klarheit über Verantwortung des Beraters herstellen

*Akzeptanz, dass der Berater nicht auf den Inhalt, sondern auf die Form einwirkt.*
Der Berater ist kein Experte für die Inhalte, um die gestritten wird und nimmt darauf auch keinen Einfluss. Seine Verantwortung besteht darin, den Konfliktparteien Wege aufzuzeigen, über die sie eine Reduzierung ihres Leidensdrucks erfahren. Das führt zur Erweiterung von Handlungs- und Wahrnehmungsmöglichkeiten. In diesem Zustand steigt die Chance, dass die Konfliktparteien entweder ihren Konflikt zu einem Konsens überführen, oder dass sie eine Form des Umgangs mit ihrem ungelösten Konflikt finden, die der Missionserfüllung dienlich ist.

*Akzeptanz, dass der Berater die Zustimmung der Konfliktparteien benötigt - und umgekehrt*
Als eine weitere Voraussetzung benötigt der Berater von den Konfliktparteien die Erlaubnis zur Intervention. Dafür müssen sie einen Teil ihrer Autonomie an den Berater abgeben, damit er sie auf andere Wege des Umgangs miteinander führen kann. Geben die Konfliktparteien dem Berater keine Erlaubnis zu diesem Machteinsatz, bleiben seine Handlungen unwirksam und kraftlos. Für diesen Fall benötigt der Berater die Akzeptanz des Auftraggebers, seine Tätigkeit abzubrechen.

### D. Klarheit über Verantwortung des Auftraggebers herstellen

*Bereitschaft zur Ausübung der Rolle*
Wenn es im Prozessverlauf notwendig wird, dass der Auftraggeber rollenbezogene Handlungen vornimmt, die der Berater nicht

stellvertretend übernehmen kann, sollte dieser dazu bereit sein. Ein
Fehlen dieser Bereitschaft könnt ein Indiz dafür sein, dass der Auftraggeber seine Führungsverantwortung an den Berater delegierten
will. Diesen Delegationsauftrag darf der Berater in keinem Fall
übernehmen.

*Bereitschaft, Symbiosen durch Machteingriff in Probleme umzuwandeln*
Zur Sicherung der missionsgerechten Grenzen zählt auch die Aufgabe,
bei Symbiosen den erforderlichen Handlungsdruck auf die Konfliktstruktur auszuüben, um dort einen Zustand Problem herzustellen
(vgl. S.125).Die Antwort auf die Frage *„Was passiert, wenn nichts passiert?"* liefert dem Berater Hinweise auf mögliche intransparente
Lösungsideen. Kann der Auftraggeber keine Alternative zur Mediation benennen, ist dies ein deutlicher Hinweis darauf, dass der Auftraggeber seiner Verantwortung nicht gerecht wird. Hier sollte er
mindestens disziplinarische Maßnahmen benennen können.
Wenn die Ziele klar, das Spielfeld und seinen Grenzen definiert und
die Verantwortung von Berater und Auftraggeber geklärt sind, folgt
der nächste Schritt der Auftragsklärung.

## 3. Auftragsklärung mit Konfliktparteien

*Ziel ist es, den Auftrag der Konfliktparteien zu erhalten. Das Ziel ist
erreicht, wenn die Konfliktparteien dem vom Entscheider erteilten
Auftrag zustimmen.*
Auch bei diesem Schritt gibt es die bereits genannten wichtigen
Schwerpunkte der Aufmerksamkeit: Fortsetzung von Vertrauensaufbau und der Ermittlung der Erfolgsaussicht einer möglichen
Beratertätigkeit. Dabei ist zu prüfen, ob die Konfliktparteien dem
Auftrag zustimmen und ob sie sich dabei von dem Berater leiten
lassen wollen. Solange es kein klares *Ja* gibt, wird die Auftragsklärung solange fortgesetzt, bis entweder die Zweifel beseitigt sind
oder Klarheit vorhanden ist, dass der Berater für diesen Auftrag
nicht infrage kommt.

## 4. Auswahl der Interventionsmethode

*Ziel ist es, Klarheit über die Intervention zu erhalten. Das Ziel ist erreicht, wenn eine Entscheidung über das Verfahren getroffen wurde (Mediation, Teamentwicklung, Coaching, ...)*

Jetzt verfügt der Berater über die wesentlichen Informationen, die ihm eine Entscheidung für den Weg ermöglichen. Darin besteht auch seine Verantwortung. Dabei wird jeder Berater auf das zurückgreifen, was er am besten beherrscht: Moderation, Mediation, Supervision, Coaching, Teamentwicklung oder anderes. Hier beobachten wir immer wieder, dass nicht etwa die Wahl der Methode über den Erfolg entscheidet, sondern vielmehr die Fähigkeit des Beraters, den Leidensdruck der Ratsuchenden zu reduzieren und sie in der Wahrnehmung ihrer Eigenverantwortung zu fordern und zu fördern. Wenn die eingesetzte Methode dieser Zielerreichung dient, war die Prozessbegleitung erfolgreich. Deshalb ist es auch überflüssig, trennscharf zwischen den Verfahren zu unterscheiden. Es zählen hier nicht wissenschaftlich spitzfindige Definitionen, sondern Erfolge durch Zustandsänderungen. Wir arbeiten mit einem Verfahren, dass sich stark an der Mediation orientiert und auf *S. 161ff* näher beschrieben ist.

## 5. Umsetzung der Intervention

*Ziel ist es, die Intervention durchzuführen. Das Ziel ist erreicht, wenn der Auftrag erfüllt wurde.*

Nachdem nun über die Voraussetzung für eine Arbeit mit Erfolgsaussicht sichergestellt wurde, erfolgt die inhaltliche Arbeit mit den Konfliktparteien. Unabhängig von der eingesetzten Methode besteht das Ziel der Begleitung darin, die Beteiligten in die Lage zu versetzen, ihre eigenen Lösungen zu finden, mit denen sie ihren Beitrag zur Erfüllung der Mission der Organisation leisten. Das erfordert die Bereitschaft der Konfliktparteien, einen Teil ihrer Autonomie an den Berater abzugeben und seiner Führung zu folgen.

## 6. Umsetzung der Veränderung im Alltag

*Ziel ist es, dass die Konfliktparteien eine Reduzierung ihres Leidens-drucks erreichen. Das Ziel ist erreicht, wenn sich die geplante Veränderung als alltagstauglich erwiesen hat.*
Hier wird in Abwesenheit des Beraters der Erfolg daran feststellbar, ob von allen ein Ergebniszustand erreicht wurde, der zu einer subjektiv erlebten Entspannung geführt hat. Dies zeigt nochmals auf, dass der Berater keinen direkten Einfluss auf die Zielerreichung hat. Jedoch sollte seine Intervention dazu geführt haben, dass die Fähigkeiten und Bereitschaften der Konfliktparteien zur Selbstorganisation die Umsetzung im Alltag ermöglichen.

## 7. Abschluss und Evaluation

*Ziel ist es, aus dem Prozessverlauf und den erzielten Ergebnissen zu lernen. Das Ziel ist erreicht, wenn eine gemeinsame Bewertung von Ergebnis und Weg vorgenommen wurde.*
Zum Schluss erfolgt die Qualitätssicherung. Hier müssen Fragen nach der Zufriedenheit aller Beteiligten beantwortet werden. Außerdem entstehen bei der Prozessberatung unvorhersehbare Nebeneffekte durch den Zugewinn an Perspektivvielfalt. Auftraggeber, Ratsuchende und Berater dienen die drei Fragen zur Reflexion:

- Wie sieht ihre Zufriedenheit mit dem Ergebnis aus?

- Wie haben sich Ziele und Prioritäten durch den Prozess verändert?

- Was haben Sie auf dem Weg gelernt?

So wichtig zu Beginn die Benennung von Zielen ist, so wichtig ist es, am Ende deren Relevanz zu reflektieren. Denn oft verändern sich Ziele oder deren Wichtigkeit durch den Prozessverlauf.

# Mediation

Nun betrachten wir einen konkreten Fall aus einer Universitätsklinik, bei dem der multifokale Blick auf Mission, Funktion und Kompetenzen besonders hilfreich war und beschreiben das methodische Vorgehen. Diese Betrachtungsweise bietet dem Berater Anregungen zum konkreten Vorgehen. Führungskräften bietet dieser Teil Anregungen zur Reflexion ihrer eigenen Situation.

## Fallbeispiel: Unzufriedenheit nach Führungswechsel

In einer Abteilung einer Klinik gab es eine Führungskraft, die sich nach 20 Jahren Leitungstätigkeit nun in den Ruhestand verabschiedete. Ihr Führungsstil war sehr kollegial und sie wurde von ihren Mitarbeitern dafür auch sehr geschätzt. Der Arbeitsstil in dieser Abteilung war geprägt von gemeinsam abgesprochenen Entscheidungen, bei denen Konsens angestrebt und auch oft erreicht wurde. Zwischenmenschliche Spannungen konnten meist ziemlich schnell bearbeitet werden, so dass die Gesamtstimmung in dieser Abteilung als recht gut bezeichnet werden konnte. Auch schätzten es die Mitarbeiter sehr, dass die ausscheidende Führungskraft die stetig anwachsenden formalen Anforderungen der Klinikleitung gut gegenüber ihren Mitarbeitern abgeschirmt hat, so dass diese nahezu ein Arbeitsparadies auf Erden hatten. So war die lückenlose Dokumentation aller Maßnahmen zur Qualitätssicherung in der Klinik flächendeckender Standard, nur in dieser Abteilung nicht. Auch Beschwerden der Patienten über das Personal wurden stets auf dem kleinen Dienstweg aus der Welt geschafft.

Der Pflegedienstleitung war der Führungsstil der ausscheidenden Führungskraft schon lange ein Dorn im Auge, besonders wegen ihres unzuverlässigen Umgangs mit den Aufgaben der Qualitätssicherung und den nicht enden wollenden Diskussionen über die Sinnhaftigkeit von Maßnahmen zur Qualitätssicherung. Deshalb wurde bei der

Auswahl des Nachfolgers nicht nur auf eine hohe fachliche und sozial-
kommunikative Kompetenz geachtet, sondern auch auf eine hohe
Loyalität zur Leitungsebene – insbesondere in Fragen der Qualitätssicherung - und eine ausgeprägte Klarheit in der Führung. Schließlich
fand sich eine sehr erfahrene Führungskraft, ebenfalls mit langjähriger
Führungspraxis, die diese Aufgabe übernahm. So setzte die Pflegedienstleitung alle Hoffnung in die neue Führungs-kraft, die nun in
dieser Abteilung dafür Sorge trägt, dass auch die formalen Anforderungen erfüllt werden.

Seit dem Führungswechsel herrscht ein stetig wachsender Unmut in
dieser Abteilung. Es gab eine Vielzahl von Beschwerden sowohl von
Mitarbeitern als auch von Patienten. Auch wurde von mehreren Mitarbeitern der Personalrat mit einbezogen wegen des unmöglichen Verhaltens der neuen Führungskraft und so zog die gesamte Situation
immer weitergehende Kreise. Alle geführten Gespräche ergaben
keine Klärung. Was blieb, war eine wachsende Unzufriedenheit und
Verärgerung auf allen Seiten. In dieser Situation erhielten wir von
der Pflegedienstleitung eine Anfrage für eine Mediation.

## Auftragsklärung mit Auftraggeber

Für die Auftragsklärung führen wir ein Vorgespräch und erstellen
danach ein schriftliches Angebot.

### Vorgespräch

Das erste Gespräch erfolgte zwischen Pflegedienstleitung und ihrer
übergeordneten Abteilungsleitung als verantwortliche Auftraggeber
und dem Berater. Hier führen wir die wesentlichen Gesprächsteile
auf, aus denen sich der Auftrag ableitet.

| 1) Situation | |
|---|---|
| B(erater): Frage nach den Auslösern | *Was hat Sie veranlasst, mit mir Kontakt aufzunehmen?* |

| A(uftraggeber): Benennt die Aspekte | *Spannungen zwischen der neuen Führungskraft und ihren Mitarbeitern haben negativen Einfluss auf Arbeitsklima, Arbeitsergebnisse und Patientenzufriedenheit.* |
|---|---|
| B: Frage nach den bisherigen Interventionen | *Was wurde bislang unternommen, um Abhilfe zu schaffen?* |
| A: Zählt die Interventionen auf | *Gespräche zwischen Führungskraft, Mitarbeitern und auch dem Personalrat.* |
| B: Frage nach den Ergebnissen | *Was war danach anders als zuvor?* |
| A: Benennt Ergebnisse | *Es gab eine kurzzeitige Beruhigung und anschließend den Rückfall in den alten Zustand* |

## 2) Gewünschtes Ergebnis

| B: Frage nach dem Ergebniszustand | *Angenommen, ich hätte die Arbeit mit Ihren Mitarbeitern erfolgreich beendet. Was ist dann anders als jetzt?* |
|---|---|
| A: Benennt Ergebniszustand | *Es ist wieder Ruhe in dieser Abteilung eingekehrt. Die Arbeit läuft in den geregelten Bahnen und die Spannungen zwischen der neuen Führungskraft und ihren Mitarbeitern befinden sich auf einem normalen Maß.* |

## 3) Alternative zur Beraterintervention

| B: Frage nach den Alternativen zur Beraterintervention | *Einmal angenommen, alles bleibt so, wie es jetzt ist. Welche Konsequenzen folgen daraus?* |
|---|---|
| A: Benennt die schlechteste Alternative (Plan B) | *Wir müssten das Team auflösen, die Mitarbeiter auf andere Abteilungen versetzen und ein neues Team für diesen Bereich zusammenstellen.* |
| B: Frage nach dem Motiv, Plan B nicht zu nutzen | *Das heißt, sie haben einen Plan B, falls Plan A scheitert. Was hält Sie davon ab, jetzt bereits Plan B durchzuführen?* |
| A: Benennt das, was vermieden werden soll | *Es ginge viel Know-how verloren. Außerdem gäbe es viel Unruhe in allen betroffenen Teams und der Personalrat stünde bei uns ständig auf der Matte* |

| 4) Transparenz der Alternativen | |
|---|---|
| B: Frage nach Transparenz über die Sanktionen | *Wissen Ihre Mitarbeiter von Plan B?* |
| A: Transparenz über Sanktionen nicht vorhanden | *Nein, damit würden wir Öl ins Feuer gießen. Plan B ist wirklich unsere Ultima Ratio. Deshalb sollen Sie uns helfen, Plan B zu verhindern.* |

| 5) Rollenklärung | |
|---|---|
| B: Klärung der Rolle und Verantwortung | *Ich kann Ihnen nicht garantieren, dass durch meinen Einsatz Plan B verhindert wird. Deshalb kann ich auch nicht dafür garantieren, dass wieder Ruhe einkehrt. Garantieren kann ich Ihnen, dass wir herausfinden werden, wo genau der Schuh drückt. Und ich kann Ihnen auch garantieren, dass ich Ihren Mitarbeitern Wege aufzeigen werde, die es ihnen ermöglichen, ihre eigenen Lösungen zu finden. Einzige Voraussetzung dafür ist die Bereitschaft Ihrer Mitarbeiter zur Zusammenarbeit mit mir. Diese gilt es im nächsten Schritt zu klären.* |

| 6) Auftragserteilung | |
|---|---|
| B: Widerspruchsfreiheit der Aufträge von Auftraggeber und Mitarbeitern | *Ich werde Ihre Mitarbeiter nach ihrer Sicht der Dinge fragen. Sollten dabei grundlegende Widersprüche zu Ihrer Sichtweise auftreten, müssen wir diese zuerst klären, bevor es weiter gehen kann.* |
| B: Bereitschaft zur Mitarbeit des Auftraggebers | *Wenn sich dann auf dem Weg der Klärung zeigen sollte, dass Ihre Mitarbeit erforderlich ist, wären Sie dann dazu breit?* |
| A: Bekundet sein Bereitschaft zur Unterstützung | *Ja.* |
| B: Ermittelt die Erlaubnis, tätig zu werden | *Wann kann ich mit Ihren Mitarbeitern reden? Ich brauche knapp zwei Stunden Zeit, um zu ermitteln, ob Ihre Mitarbeiter und ich zusammen arbeiten können. Sollte sich dabei ein JA ergeben, benötigen wir vier weitere Stunden, um zu einer ersten Klärung zu kommen. Ansonsten erhalten Sie von mir einen Vorschlag zu Alternativen.* |

| A: Erteilt die Erlaubnis, tätig zu werden | *Ich ermittle einen Termin und gebe Ihnen Bescheid.* |
|---|---|
| B: Erstellt Angebot | *Gut. Ich sende Ihnen dann noch ein Angebot zu. So können Sie nochmals prüfen, ob ich Ihr Anliegen in Ihrem Sinne verstanden und wiedergegeben habe.* |

### Angebot

Nach dem Auftragsklärungsgespräch mit dem Auftraggeber erstellen wir ein Angebot und beschreiben darin die Punkte *Situation, Ziele, Vorgehen, Vertraulichkeit, Organisation, Investition und Beraterprofil.* Es dient neben dem Vertrauensaufbau auch der Vorbeugung von Missverständnissen als Schutz aller Beteiligten vor unangenehmen Überraschungen.

### Situation und Ziele

*In der Abteilung D3 gibt es Spannungen zwischen Führungskraft und den Mitarbeitern. Diese reduzieren die Arbeitsqualität. Hier soll Abhilfe geschaffen werden. Zur Klärung einer passenden Vorgehensweise führte Thomas Robrecht ein einstündiges Vorgespräch mit den verantwortlichen übergeordneten Führungskräften. Ziel war die subjektive Überprüfung, ob Situation, Beteiligte und Berater zusammenpassen und sie eine Chance zur Abhilfe sehen.*

*Das Gespräch erfolgte mit der Direktorin Frau Prof. Dr. Bohl, der Pflegedienstleitung Frau Stamm sowie ihrem Stellvertreter Herrn Walter. Als wichtigstes Ziel wurde benannt, dass in der Abteilung D3 die derzeitigen Kommunikationsprozesse mit weniger Aufwand als bisher erfolgen. Eine mögliche Lösungsidee besteht darin, dass das Team die Anweisungen der neuen Führungskraft akzeptiert. Ein letzter Ausweg und damit die schlechteste aller möglichen Lösungen besteht in der Auflösung des Teams. Dies soll jedoch möglichst vermieden werden.*

**Vorgehen**

*Wir wählen ein Vorgehen, das aus mehreren Schritten besteht. Die Anzahl ist zu Beginn nicht vorhersehbar. Deshalb empfiehlt sich eine Form, bei der jeder einzelne Schritt geplant, umgesetzt und evaluiert wird. Erst danach folgen weitere Schritte mit dem gleichen dreigliedrigen Aufbau. So entsteht für alle Beteiligten die größtmögliche Sicherheit im Umgang mit dieser unsicheren Situation. Ziel ist dabei die Schaffung eines geschützten Rahmens, der als Basis für die Suche nach konstruktiven Lösungsmöglichkeiten die Benennung kritischer Aspekte der Zusammenarbeit ermöglicht.*

*Für den ersten Schritt beträgt der Zeitrahmen einen Tag. Voraussetzung für diesen ersten Schritt ist die Bereitschaft der Teilnehmenden, sich auf den Prozess einzulassen. Ziel ist es, am Ende dieses Tages Vereinbarungen für den Alltag zu treffen, die belastbar sind und deren Tragfähigkeit nach einem noch festzulegenden Zeitraum gemeinsam überprüft wird. Ob und wie diese Überprüfung erfolgt, wird der Prozess ergeben. Für den ersten Tag planen wir folgende Schritte:*

*1. Grundsätzliches: Klärung, ob der Auftrag Zustimmung erhält und Klärung der Frage, ob Berater und Team zusammenarbeiten*

*2. Vereinbarungen: Klärung der Frage, wie die Zusammenarbeit gestaltet wird*

*3. Klartext: Klärung der Sichtweisen jedes Anwesenden*

*4. Ziele, Prioritäten: Klärung was den Anwesenden wirklich wichtig ist*

*5. Lösungssuche: Finden eines alltagstauglichen Weges*

*6. Sicherung: Transfersicherung: Dokumentation der Ergebnisse mit Maßnahmenplan*

*Bei den Ergebnissen sind verschiedene Ausprägungen möglich. Im ungünstigsten Fall ist eine Klärung der Konfliktsituation erreicht, in der jeder Beteiligte weiß, wer mit wem um was streitet. Im zweitbesten Fall wird eine Regelung erreicht, wie im Alltag mit dem erkannten Konflikt so umgegangen wird, dass die Arbeitsfähigkeit sichergestellt ist. Im besten Fall wird eine Lösung erreicht, die allen Beteiligten gerecht wird.*

### Vertraulichkeit

*Die Weitergabe von Detailinformationen über Verlauf und Inhalte der Mediation erfolgt nur mit Zustimmung der Beteiligten. Sie werden durch den Berater ermutigt und darin unterstützt, die erforderlichen Informationsflüsse wie die Berichterstattung an die Führungskraft oder auch Feedback an Dritte selbst zu gestalten.*

Mit der Zustimmung zu diesem Angebot ist die formale Arbeitsgrundlage gegeben. Im nächsten Schritt wird nun mit der Bearbeitungserlaubnis die soziale Arbeitsgrundlage geschaffen.

## Auftragsklärung mit Konfliktparteien

Mit dem Auftrag der übergeordneten Führungskräfte begegnen wir nun den Mitarbeitern (eine Führungskraft mit sieben Mitarbeitern), um zu überprüfen, ob sie dem erteilten Auftrag zustimmen. Dabei gibt es zwei Aufgaben zu bewältigen: Ihr Vertrauen gewinnen und ihre *„Auftragsbestätigung"* erhalten. Wichtig ist zunächst der Vertrauensaufbau. Dabei gilt es die drei Grundbedürfnisse von Sicherheit, Beziehung und Autonomie zu befriedigen. Beginnen wir mit dem Bedürfnis nach Sicherheit und Orientierung: Hier gilt es, die vielen oft nicht gestellten Fragen zu beantworten: *„Was passiert hier? Wie lange dauert das? Welche Regeln gelten? Wer wird von dem, was hier passiert, erfahren? Was genau macht der Berater und was qualifiziert mich dazu? Werde ich hier ausreichend Schutz haben? Kann ich zwischendurch rauchen?"*

Menschen mit einem ausgeprägten Beziehungsbedürfnis wollen spüren, dass der Berater ein Mensch mit hoher Empathie ist und dass er nicht nur gut erspüren kann, wem wie zumute ist, sondern auch in einer wertschätzenden und menschlichen wohlwollenden Art damit umgeht. Dafür darf der Berater ruhig seine kleinen „Fehler" haben – das macht ihn nur noch menschlicher. In jedem Fall muss der Berater authentisch rüberkommen und das Gefühl vermitteln, dass man ihm vertrauen kann.

Menschen mit einem ausgeprägten Autonomiebedürfnis wollen klären, ob da ein Berater kommt, der ernst zu nehmen ist. Wenn er mit einem Schuss vor den Bug getestet wird, muss er Paroli bieten können und darf nicht gleich umfallen. Doch überheblich darf er auch nicht sein – einfach klar, stark, geradlinig und die Menschen ernst nehmend.

Diese drei Grundbedürfnisse gilt es im gesamten Prozess zu bedienen, jedoch mit unterschiedlicher Ausprägung. Während zu Beginn eher das Sicherheitsbedürfnis mit Informationen für den Vertrauens-aufbau im Mittelpunkt steht, konzentrieren wir uns gegen Ende eher auf die Stärkung der Autonomie.

| Schritt | Ziel / Ergebnis | von – bis |
|---|---|---|
| 1. Grundsätzliches | Wir wissen, ob wir etwas tun. Wenn ja: was wir heute tun | 08:00 - 09:00 |
| 2. Vereinbarungen | Wir wissen, wie wir das tun, was wir tun | 09:00 - 09:30 |
| | Pause | |
| 3. Klartext | Wir kennen die Sichtweisen jedes Anwesenden | 09:45 - 11:15 |
| 4. Ziele & Prioritäten | Wir haben Klarheit über das Wichtige erreicht | 11:15 - 11:45 |
| | Pause | |
| 5. Lösungssuche | Wir haben einen alltagstauglichen Weg gefunden | 13:00 - 14:30 |
| 6. Ergebnissicherung | Wir haben festgelegt wer was wann macht | 14:30 - 15:00 |

*Übersicht 44: Geplanter Verlauf*

Nach einer kurzen persönlichen Vorstellungsrunde des Beraters und der Teilnehmenden erhalten sie einen Überblick zum geplanten Verlauf. Zu jedem Schritt ist das Ziel benannt, das dabei erreicht werden soll. Zusätzlich gibt es Angaben zum Zeitbedarf und den Pausen. Damit ist der Kopf weitgehend zufriedengestellt.

Um zu überprüfen, ob die Aufträge von Auftraggeber und Anwesenden widerspruchsfrei sind, haben sich Skalierungsfragen bewährt, deren Wortlaut den Aussagen des Auftraggebers entsprechen. Zunächst die einleitenden Worte:

*„Ihr Chef möchte gerne, dass ich mit Ihnen gemeinsam die kritischen Aspekte Ihrer Zusammenarbeit betrachte. Sein Ziel dabei ist, dass Sie und Ihre Kollegen wieder in Ruhe und durch Ihren Streit ungestört arbeiten können. Bevor ich das tun kann, müssen zwei Punkte geklärt sein:*

*Erstens: Sie und ich müssen jeder für sich überprüfen, ob „die Chemie" zwischen uns stimmt und eine Zusammenarbeit für uns beide denkbar ist.*

*Zweitens: Ich kenne zwar die Sichtweise Ihres Chefs, aber das allein genügt nicht. Mir ist es wichtig, auch von Ihnen Ihre Sicht der Dinge zu erfahren, die sich durchaus von der Ihres Chefs unterscheiden kann. Sollten sich hier Widersprüche zeigen, so müssten diese erst geklärt werden, bevor wir zusammenarbeiten können. Dazu habe ich einige Aussagen Ihres Chefs auf diese DIN A4-Blätter geschrieben. Ich werde diese Aussagen nun nacheinander vorlesen und bitte Sie, dass Sie sich zu der jeweiligen Aussage im Raum positionieren. Wenn Sie der Meinung sind >Ja, diese Aussage trifft zu<, dann stellen Sie sich nach links. Wenn Sie der Meinung sind, >Nein, diese Aussage trifft nicht zu<, dann stellen Sie sich nach rechts. Sollten Sie der Aussage nur teilweise zustimmen können, dann suchen Sie sich einen Platz eher in der Mitte."*

Die Aussagen sind in großen Buchstaben auf DIN A4-Blätter geschrieben, so dass sie auch aus ein paar Meter Entfernung gut lesbar sind. Unter jeder Aussage befindet sich eine Achse mit den Polen *Ja* und *Nein*. Jede Aussage wird vorgelesen und dann das Blatt auf den Boden gelegt. Anschließend werden die Teilnehmenden aufgefordert, sich im Raum entsprechend ihrer Antwort zu positionieren. Sobald jeder seine Position gefunden hat, werden diese Positionen auf dem Blatt als Punkte festgehalten. (Bei größeren Gruppen empfiehlt sich zur Darstellung der Kumulation unterschiedlich große Wolken oder Kreise zu malen). Durch die Aufforderung Position zu beziehen, verstärkt sich meist die emotionale Belastung der Teilnehmenden. Hier ist es wichtig, dass der Berater durch seine eigene Gelassenheit den Eindruck fördert, dass es sich bei den durch die Skalierung sichtbar gewordenen Spannungen um etwas völlig Normales handelt. Dabei kniet der Berater auf dem Boden vor den Teilnehmenden, um die Punkte zu malen. Dieser Schritt dient nicht nur der Dokumentation der Ergebnisse, sondern unterstreicht die dienende Funktion des Beraters und fördert die Vertrauensbildung.

So werden die vorbereiteten Fragen nacheinander gestellt. Anschließend werden die Aussagen mit ihren notierten Positionierungen für alle sichtbar im Raum aufgehängt.

1) *Es gibt in unserer Zusammenarbeit Spannungen und Reibungsverluste*
2) *Damit wir gut arbeiten können, brauchen wir eine Klärung der kritischen Punkte*
3) *Die Klärung ist für mich persönlich wichtig*
4) *Ich habe ein Interesse daran, an der Klärung konstruktiv mitzuwirken*
5) *Ich habe die Hoffnung, dass wir zu einer guten Klärung kommen*
6) *Was ich hier gerade über uns erfahren habe, war mir neu / hat mich überrascht*

Die Aussagen 1 und 2 entsprechen der Sichtweise des Auftraggebers und dienen der Überprüfung, ob die Teilnehmenden diese Sicht bestätigen (Unterschiedliche Handlungsabsichten, die als Begrenzung erlebt werden).

Aussagen 3 und 4 überprüfen die Bereitschaft zur Mitarbeit, um sicherzustellen, dass – sofern es einen Konflikt gibt –sich dieser nicht im Zustand der *Symbiose* befindet (Veränderungswunsch existiert). Aussage 5 fragt nach dem Schwierigkeitsgrad möglicher Lösungen (schwer umsetzbarer Veränderungswunsch).

Somit müssen Fragen 1 bis 4 weitgehend mit JA beantwortet werden. Frage 5 darf auch deutliche Tendenz zu *Nein* haben, damit eine Beraterintervention Sinn macht.

Aussage 6 gibt einen Einblick, wie gut die Mitarbeiter die Motivation ihrer Kollegen kennen.

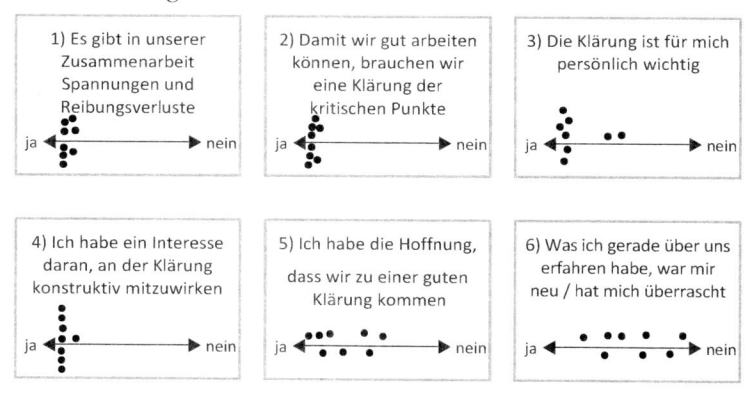

*Abbildung 45: Skalierungsfragen*

Bei jeder Skalierungsfrage werden die Teilnehmenden gefragt, ob sie zu ihrer Position etwas sagen wollen. Wenn nicht, lässt der Berater es zu – es sei denn, die Streuungen sind sehr groß. Dann kann der Berater gezielt einzelne Personen fragen: *„Was unterschiedet Ihre Sicht der Dinge von der Ihres Kollegen?"*

Nun folgt eine gemeinsame Betrachtung der Aussagen mit Interpretationen. Eingeleitet wird dies mit einer offenen Frage: *„Wenn Sie dieses Bild betrachten, was geht Ihnen da durch Kopf, Herz und Bauch?"*

Hier ist es nun gar nicht so wichtig, was gesagt wird, sondern dass ein Austausch stattfindet und die Konfliktparteien die wohltuende

Wirkung des aktiven Zuhörens des Beraters erleben. Damit dient dieser Dialog dem Vertrauensaufbau zwischen Konfliktparteien und Berater.

Gegen Ende nimmt der Berater seine Interpretation vor und begründet sie anhand der Punkte auf den Skalierungsfragen: *„Wie ich sehe, teilen Sie die Einschätzung ihres Chefs, dass es in Ihrer Zusammenarbeit Probleme gibt, und diese wollen Sie gemeinsam klären. Das ist schon mal eine gute Voraussetzung für eine mögliche Veränderung. Gleichzeitig schätzen Sie die Erfolgsaussichten unterschiedlich ein."*

An dieser Stelle ist nun geklärt, dass sich der Konflikt im Zustand Problem befindet:

- Es gibt unterschiedliche Handlungsabsichten
- die als Begrenzung erlebt werden (1+2)
- Es gibt einen Veränderungswunsch (3+4)
- der als schwer umsetzbar eingeschätzt wird (5)

Damit sind nun alle vier Bedingungen für eine Beraterintervention gegeben (vgl. *„Problembereitschaft„* S. 118 ff.)

An dieser Stelle zeigt sich, dass die Aufträge von Konfliktparteien und Auftraggeber miteinander vereinbar sind. Nun gilt es noch zu überprüfen, ob die Anwesenden mit dem Berater zusammenarbeiten wollen. Dies kann auch in einer Skalierungsfrage oder im direkten Dialog ermittelt werden. Wichtig ist hier, dass der Berater eine mögliche Ablehnung für sich selbst als etwas völlig Normales betrachtet, dies auch offen als Möglichkeit benennt und aktiv anbietet:

*„Ich habe für mich jetzt die Klarheit gewonnen, dass ich gerne mit Ihnen weiterarbeiten würde. Doch dafür brauche ich noch von Ihnen eine Orientierung, wie Ihnen zumute ist bei dem Gedanken, mit mir zusammenzuarbeiten. Es kann sein, dass Sie den Eindruck haben, **Ja, das kann ich mir vorstellen**, oder auch **Nein, mit dieser Vorstellung geht es mir nicht gut**. Wie auch immer Sie sich entscheiden, ist es völlig in Ordnung. Über eine Begründung Ihrer Entscheidung würde ich mich natürlich freuen, aber manchmal ist eine Begründung nicht möglich, weil*

*es einfach nur ein ungutes Gefühl im Bauch gibt, das sich nicht*
*begründen lässt. Und das hat auch Gültigkeit."*

Diese Legitimation einer begründungsfreien Subjektivität stärkt nicht
nur die für den weiteren Prozess erforderliche Autonomie der Beteiligten, sondern auch das Vertrauen in die Begleitung des Beraters.
Denn sollte es bei den Teilnehmenden Vorbehalte gegen den Berater
geben oder Zweifel an seiner Eignung, dann ist hier der Zeitpunkt,
dies zu klären. Sollte es nicht gelingen, Vorbehalte gegenüber dem
Berater zu klären, ist es sehr ressourcenschonend, dies frühzeitig zu
klären und den Prozess zu beenden, bevor er richtig in Gang kommt.
Bislang haben wir mit diesem Vorgehen zu diesem Zeitpunkt immer
eine positive Beantwortung erhalten, mit der uns die Bearbeitungserlaubnis erteilt wurde. Sollten wir hier ein **Nein** erhalten, werden wir
mit einer offenen Frage versuchen, die guten Gründe für das **Nein** zu
ermitteln. Das könnte etwa so aussehen: *„Möchten Sie zu Ihrer Position*
*etwas ergänzen? Ich würde Ihre Ablehnung gerne verstehen."* Wird dem
Wunsch nicht entsprochen, ist die Arbeit an dieser Stelle beendet.
Wenn aber doch noch Gesprächsbereitschaft besteht, würden wir die
guten Gründe erforschen und anschließend überprüfen, mit welchen
Veränderungen eine Zusammenarbeit dennoch möglich wäre.

## Planung der Prozessschritte

In den vielen Jahren unserer Prozessbegleitung stellten wir uns immer
wieder die Frage, wann zukunftsorientierte und wann eher vergangen-
heitsorientiere Vorgehensweisen stimmiger sind. Bei der Zukunftsorientierung arbeiten wir sehr schnell an Lösungen, wie Steve de Shazer es
mit der Wunderfrage beschreibt, bei der mithilfe eines Zauberers das
Problem einfach *„weggezaubert"* wird und den Blick auf eine Lösung
freigibt. Bei Vergangenheitsorientierung beleuchten wir eher das Problem
und dabei besonders die Befindlichkeiten der Beteiligten, wie Thomann
es mit seiner *„Klärungshilfe"* darstellt. Im Zentrum steht die Arbeit mit
schwierigen Gefühlen. Wo diese erkannt, benannt und akzeptiert

werden, ist eine sehr wirksame Voraussetzung  für eine tragfähige
Basis des Miteinanders geschaffen.

Beide Arten haben für uns Vor- und Nachteile. Mit Lösungsorientie-
rung lassen sich schneller Ergebnisse erzielen, deren Nachhaltigkeit
jedoch manchmal zu wünschen übrig lässt, wenn die Befindlichkeiten nicht genügend Raum hatten. Mit Problemorientierung passiert
das nicht und wir erzielen damit eine deutlich größere Nachhaltigkeit.
Der Weg dorthin ist auch deutlich länger und für alle Beteiligten an-
strengender. Manchmal kamen wir dabei auch an die Grenzen unserer
eigenen Kompetenz, wenn Betroffene in ihrer Emotionalität so stark
gefangen waren, dass therapeutische Unterstützung erforderlich war.
Das Sichtbarwerden des Bedarfs an therapeutischer Unterstützung ist
ein möglicher Bestandteil problemorientierter Arbeitsweisen. Bei lö-
sungsorientierten Arbeitsweisen steigt die Gefahr von Lösungsfallen.

Da oftmals die zeitlichen Ressourcen knapp waren, entschieden wir
uns meistens für die Zukunftsorientierung, wohl wissend, dass dadurch die Nachhaltigkeit gefährdet sein könnte. Um dem entgegenzu-
steuern, schenkten wir dem Notfallplan besonders große Aufmerksamkeit, indem wir immer auch Maßnahmen für den Fall des Scheiterns einplanten. Nach und nach verfeinerten wir unsere Vorgehensweisen in der Art, dass wir den Notfallplan in den laufenden Prozess
einbauten. Je mehr wir diesen Weg verfolgten, desto nachhaltiger wurden die Ergebnisse. So haben wir inzwischen ein Vorgehen entwickelt,
dass die Vorteile beider Vorgehensweisen miteinander vereint.

Zusätzlich sorgen wir dafür, dass während des gesamten Prozesses
der Bezug zum Daseinszweck der Organisation sichtbar bleibt.
Normal ist, dass Menschen unter hoher emotionaler Belastung ihre
gesamte Aufmerksamkeit auf den Auslöser der Belastung konzentrieren, ihrem Konfliktgegner. Konfliktparteien können sich dabei so
stark miteinander verknoten, dass sie den Kontext völlig vergessen
und ausblenden. Die Folge ist, dass die Organisation ihre streitenden
Mitarbeiter nicht mehr für ihren Beitrag zur Zielerreichung entlohnt,
sondern für ihre Konfliktaustragung. Das halten wir für unzulässig,

wie wir bereits beschrieben haben (vgl. S. 124ff). Deshalb reduzieren wir die Gefahr, dass die Konfliktaustragung den Belangen der Organisation widerspricht oder zu deren Lasten geht. Das erreichen wir neben unserer Aufgaben- und Rollenklarheit auch durch die Arbeit mit einer Matrix, über deren Achsen formale und soziale Aspekte gleichzeitig darzustellen möglich ist. Die sozialen Aspekte sind beispielsweise emotionale Belastung oder persönliche Zufriedenheit. Die formalen Aspekte sind beispielsweise Ausprägung zur Erfüllung der Mission oder der Beitrag zum Arbeitsergebnis. Hier die Übersicht der zehn Prozessschritte:

| Schritt | Ziel | Weg |
|---|---|---|
| 1) Rahmen sichern | Rollen, Aufgaben und Ziele klären, Vertraulichkeit vereinbaren | Austausch über Befürchtungen und Hoffnungen. Vereinbarungen für die Zusammenarbeit treffen |
| 2) Belastungen sammeln | Jeder notiert seine Themen für sich | Kartenabfrage: *„Was mich in unserer Zusammenarbeit belastet"* |
| 3) Belastungen evaluieren | Transparenz über die individuelle Intensität der Belastung herstellen | Positionieren der Karten in einer Belastungsmatrix, gemeinsame Klärung von Verständnisfragen |
| 4) Zukunfts- vision | Bild einer wünschens- werten Zukunft herstellen | Abfrage: *„Wir sind ein Jahr weiter. Unsere Zusammenarbeit ist wie-der gut. Wie sieht da unser Alltag aus?"* |
| 5) Hürden | Befürchtungen benennen | Kartenabfrage: *„Es klappt nicht, weil...."* |
| 6) Gegen- maßnahmen | Mögliche Wege der Bewältigung benennen | Kartenabfrage: *„Wie wir unsere Zukunft trotzdem sichern"* |
| 7) Maßnahmen bewerten | Überblick möglicher Maßnahmen erhalten | Positionieren der Karten in einer Handlungsmatrix (Wer / Wann) |
| 8) Maßnahmen zuordnen | Maßnahmen sind Personen zugeordnet | Mein Beitrag zum Gelingen: *„Was ich übernehmen werde!"* |
| 9) Notfallplan | Transparenz über Risiken herstellen und Plan B festlegen | Was passiert, wenn es trotzdem schiefgeht? |
| 10) Review | Reflexion der gemeinsamen Arbeit | Meine Zufriedenheit mit Weg und Ergebnis |

*Übersicht 46: Plan der Prozessschritte bei vollständig erteiltem Auftrag*

Dieser Plan ist sehr fokussiert auf die Förderung der Eigenverant-
wortung der Teilnehmenden und ist beim Zustand **Problem** in den
meisten Fällen auch so umsetzbar. Sollte eine Symbiose vorhanden
sein, zeigt sich das ab Schritt 4 an der Intensität des Widerstands
und besonders deutlich und unübersehbar bei Schritt 7 und 8.
Dieses Vorgehen ist möglich, wenn sich die Beteiligten im *„state of
mind"* von *„normal"* bis *„schwierig"* befinden (vgl. S. 59). Konflikte,
die sich *„state of mind"* von *„Instinktiv"* befinden, erfordern einen
Machteingriff, der nicht durch uns erfolgt, sondern vom Kontext
initiiert wird.

## Umsetzung des Plans

Betrachten wir nun die Umsetzung des Plans im Detail. Wie bereits
bei der Auftragsklärung führen wir auch hier die zentralen Elemente
auf.

### Rahmen sichern

Nachdem nun die Konfliktparteien ebenfalls den Auftrag erteilt haben, kann die gemeinsame Arbeit beginnen. Doch es gibt zu Beginn
viele Sorgen und Befürchtungen, die noch nicht benannt wurden.
Das können Ängste vor den Reaktionen der Kollegen oder auch den
Sanktionen des Chefs sein, es können aber auch ganz vage und unangenehme Gefühle sein, die sehr diffus und schwer zu beschreiben
sind. In jedem Fall wirken sie als Blockaden auf dem Weg zu nachhaltigen Lösungen. Deshalb muss hier als Erstes ein Rahmen gesetzt
werden, der allen Teilnehmenden einen möglichst sicheren Halt
bietet bei dem unbekannten Weg durch das schwierige Gelände der
Konfliktlandschaft. Um das zu erreichen, sprechen wir potenzielle
Ängste ganz unverblümt an und geben diesen damit die Legitimation. So fördern wir bei den Teilnehmenden den Mut, ihre eigenen
Ängste offen zu thematisieren und laden sie ein, sich zu folgenden
Fragen zu äußern:

- Was brauche ich, um hier gut arbeiten zu können?
- Was sind meine Hoffnungen?
- Was sind meine Befürchtungen und Sorgen?

Hier zeigte sich ein großes wechselseitiges Misstrauen zwischen der neuen Führungskraft und ihren Mitarbeitern. Beide Seiten vermuten, dass die jeweils andere Seite Dritten über Inhalte des bevorstehenden Prozesses berichtet, um Verbündete zu gewinnen. So wurde die Kommunikation nach außen zu einem bewegenden Thema. Auch wurde die Sorge benannt, dass die ganze Maßnahme ergebnislos bleibt und hinterher alles nur noch schlimmer wird. Ein weiterer Punkt war, dass sich jeder vom anderen größtmögliche Offenheit und Ehrlichkeit wünschte, und gleichzeitig sich selbst nicht traute, alles offen und ehrlich zu benennen. Wenn es gelingt, die Teilnehmenden zu dieser Erkenntnis zu führen, dann ist ein wichtiger Schritt auf dem Weg zur Förderung der Eigenverant-wortung getan. Spätestens jetzt wird den Teilnehmenden klar, dass der Schlüssel zum Erfolg in ihren Händen liegt. Sie müssen entschei-den, ob und wie weit sie das Wagnis der offenen Benennung ihrer Sorgen und Ängste eingehen. Ein wichtiger Aspekt liegt dabei in der Fähigkeit der Vertrauensbildung durch die Berater. Auch hier haben wir durch die offene Benennung dieses Wagnisses und der Betonung der eigenverantwortlichen Entscheidung einen weiteren Schritt der vertrauensbildenden Arbeit geleistet. So konnten schließlich fünf Punkte als Konsens vereinbart werden:

- *Alles Erlebte (Gesprochenes, Gespürtes und Ungesagtes) bleibt in diesem Raum. Ausnahmen werden gemeinsam vereinbart.*
- *Jeder benennt in größtmöglicher Offenheit das, was ihn belastet.*
- *Jeder spricht von seinem Erleben, statt über das Fehlverhalten des Anderen.*

Alle Teilnehmenden sind sich darüber einig, dass eine Lösungsfin-dung nur über das Engagement aller Beteiligten möglich wird. Wie der Pflegedienstleitung die Ergebnisse dieses Prozesses mitgeteilt werden, wird am Ende gemeinsam vereinbart. Nach diesem 90-minütigen Einstieg war die Arbeitsfähigkeit gegeben.

## Belastungen sammeln

Die Ermittlung der im Arbeitsalltag erlebten Begrenzungen erfolgt mit der Frage „Was mich in unserer Zusammenarbeit belastet". Jeder Teilnehmende notierte in Einzelarbeit seine Punkte auf Karten. Eine quantitative Begrenzung nehmen wir hier nicht vor. Jeder Teilnehmende kann so viele Karten schreiben, wie er will.

## Belastungen evaluieren

Die Herausforderung besteht nun in der Differenzierung von wichtigen und weniger wichtigen Nennungen. Die Vehemenz der Darstellung ist kein geeigneter Maßstab, um die Intensität des Leidensdrucks zu erkennen. So kann beispielsweise eine hochbrisante Botschaft so ruhig und (scheinbar) emotionslos gesendet werden, dass dem systemfremden Berater die Brisanz völlig verborgen bleiben kann. Oder ein hoch engagierter Teilnehmender kann durch die Emotionalität der Darstellung seines Anliegens leicht den Eindruck vermitteln, dass es sich um ein unendlich wichtiges und existenzielles Thema handelt, obwohl die subjektive Belastung vom Teilnehmenden selbst als eher gering eingestuft wird.

Deshalb haben wir eine Methode entwickelt, die subjektiv erlebten Belastungen so zu vergleichen, dass Prioritäten erkennbar werden. Da die verfügbare Zeit ohnehin meist knapp bemessen ist, muss es gelingen, die wirklich kritischen Themen möglichst frühzeitig zu identifizieren. Die Teilnehmenden werden nun aufgefordert, ihren Karten zwei Bewertungen hinzuzufügen, indem sie die Karten in einer Matrix positionieren.

**Senkrecht: Intensität der emotionalen Belastung**

**Waagerecht: Auswirkung auf das Arbeitsergebnis**

Je weiter oben eine Karte positioniert wird, desto höher die emotionale Belastung, je weiter unten, desto geringen. Je weiter rechts eine Karte positioniert wird, desto stärker die Auswirkung auf das Arbeitsergebnis und damit auf den Daseinszweck, je weiter links, desto schwächer.

Mit diesem Vorgehen entstehen transparente Prioritäten, denn oben rechts sind die wichtigsten Themen positioniert. Wichtig ist, darauf zu achten, dass die Teilnehmenden die Matrix erst dann sehen, wenn sie ihre Karten bereits geschrieben haben.

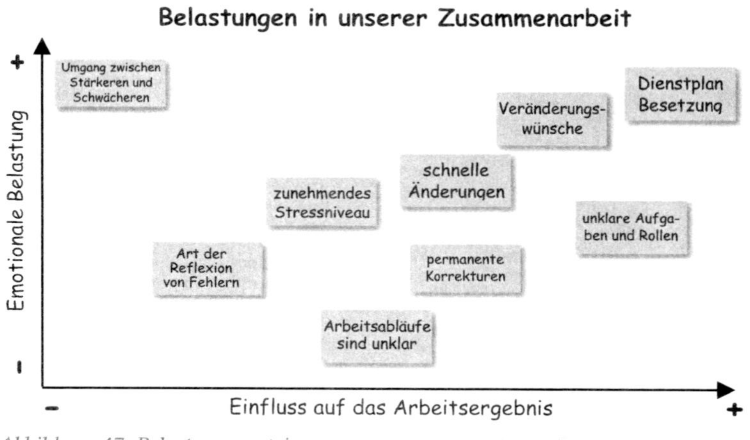

## Belastungen in unserer Zusammenarbeit

*Abbildung 47: Belastungsmatrix*

Dieses Vorgehen hat mehrere Effekte:

### *Beruhigung emotional geladener Situationen durch die Aufgabenstellung*

Die Aufgabe, sein Anliegen in dieser Matrix zu positionieren, erfordert eine Relativierung der eigenen Emotionalität auf der senkrechten Achse. Zusätzlich muss dann noch überlegt werden, wo sich die passende Position auf der waagerechten Achse befindet. Diese kognitive

Leistung transportiert die Teilnehmenden auf die Metaebene und hat damit eine beruhigende und klärende Wirkung.

### Kalte Konflikte werden „aufgewärmt" und bearbeitbar

Unterschwelliges hat große Chancen, sichtbar zu werden. Entweder, weil die Kollegen, die unter dem kalten Konflikt leiden, diesen benennen oder weil durch die Positionierung in der Matrix die eigene Frustration geäußert werden kann und gleichzeitig die gewohnte Kontaktvermeidung mit dem Konfliktgegner aufrechterhalten wird. Strukturen können sich nur verändern, wenn sie sich *„bewegen"*.

### Klarheit über die Intensität des individuellen Erlebens

Oft erleben wir, dass die Teilnehmenden über die Bewertung ihrer Kollegen überrascht sind: *„Mir war gar nicht klar, dass dich dieses Thema so sehr / so wenig belastet!"*
Mit dieser Matrix entsteht Klarheit: Je weiter oben, desto emotionaler, je weiter rechts, desto bedeutsamer für den Daseinszweck oder das, was dafür gehalten wird. Auch dient die Einladung, zu den einzelnen Karten Verständnisfragen zu stellen, dem Zuwachs an wechselseitigem Verständnis und der Klarheit über die strittigen Punkte. Somit dient dieser Schritt einer qualitativen Erfassung der subjektiven Belastungen bzw. Begrenzungen durch unterschiedliche Handlungsabsichten. Meist fühlen sich die Beteiligten eingeladen, das, was spürbar vorhanden ist, anzusprechen. Nur das, was kommuniziert ist, hat soziale Realität und kann bearbeitet werden. Je höher die Eskalation, desto stärker ist unsere Führung gefordert, um Rechtfertigungen und Anschuldigungen zu unterbinden und immer wieder auf das eigene Erleben zurückzuführen.

### Bezug zur Mission wird hergestellt und die Mission bleibt im Blick

Durch das Einbeziehen der Auswirkung auf das Arbeitsergebnis bleibt der Blick auf den Daseinszweck erhalten, der oftmals durch überschäumende Emotionalität schnell verloren gehen kann. Durch die waagerechte Achse bleibt dieser elementare Aspekt in der Aufmerksamkeit aller Beteiligten erhalten.

### *Transparenz der Prozessdynamik und Eskalationsquellen*

Manchmal verändert sich während des Prozesses die Bewertung, so dass die Karten mehr nach rechts/links oder oben/unten positioniert werden oder auch neue hinzukommen. Dazu laden wir zu Beginn ausdrücklich ein und erinnern im laufenden Prozess an diese Einladung. Damit hat jeder Teilnehmende die Gewissheit, dass seine Anliegen auch wahrgenommen werden. Indirekt wird damit auch gezeigt, wie subjektiv und situationsabhängig Bewertungen sind. Allein diese Tatsache ist bereits bestens dafür geeignet, Frustrationstoleranzen zu erhöhen und damit für Entspannung in emotional aufgeladenen Situationen zu sorgen. Zusätzlich wird deutlich sichtbar, wer sich mit wem in welcher Eskalationsdynamik befindet.

### *Zukunftsvision*

Jetzt folgt der Wechsel von den frustrierenden Erlebnissen der Vergangenheit zu einer wünschenswerten Zukunft. Das ist für die Teilnehmenden meist überraschend und dient damit dem Durchbrechen der etablierten Konfliktmuster. Statt im vorhandenen Frust weiter zu baden, wird ein Wunder erzeugt, indem so getan wird, als ob die aktuellen Probleme alle verschwunden seien. Dieser ressourcenreiche Zustand der Abwesenheit von Problemen wird durch die Anwesenheit von Lösungen ersetzt. Mittels Kartenabfrage wird das Bild einer wünschenswerten Zukunft gestaltet:
*„Sie sind ein Jahr weiter. Ihre Zusammenarbeit funktioniert. Wie sieht nun Ihr Alltag aus?"*
Diese Arbeit erleben die Teilnehmenden als sehr motivierend und das Wir-Gefühl fördernd. Die meisten Nennungen zielten auf die Stärkung von Beziehungen ab. Zusätzlich wurde festgestellt, dass der fehlende Rückzugsraum für das Team so manche Kommunikation

und Absprachen erschwert. Auch hier arbeiten wir mit einer Matrix, um die Bedeutung für die persönliche Zufriedenheit und den Einfluss auf das Arbeitsergebnis darzustellen.

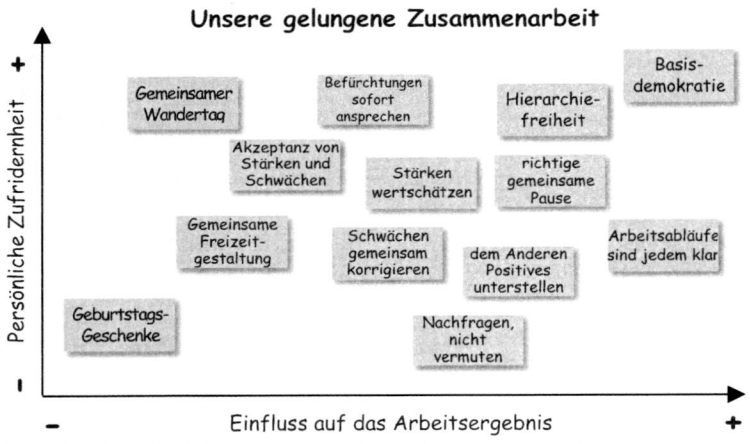

*Abbildung 48: Lösungsmatrix*

Jedoch gab es zwei sehr kritische Punkte mit einer hohen Bewertung: Der Wunsch nach Basisdemokratie und Hierarchiefreiheit.

Natürlich ist aus Sicht der Mitarbeiter dieser Wunsch verständlich, da die guten alten Zeiten der früheren Führungskraft zurückgesehnt werden. Doch dieser Wunsch ist als kritisch zu betrachten, weil Hierarchiefreiheit der Organisation der Uniklinik widerspricht und Basisdemokratie keine passende Form der Entscheidungsfindung in dieser Organisation darstellt. Somit liegen diese Wünsche außerhalb der Mission und müssen wie jede andere missionsgefährdende Erwartung auch frustriert werden. Diese Führungsaufgabe muss von der Pflegedienstleitung wahrgenommen werden, die jedoch nichts von diesem Wunsch weiß, da sie als der übergeordnete Auftraggeber nicht inhaltlich einbezogen ist. Hier könnten wir als Berater in einen Zwiespalt geraten durch die Kombination aus fachlicher Expertise und Auftrag der

Prozessbegleitung, welcher die inhaltliche Einmischung verbietet. Deshalb können wir die erkannte Grenze des Machbaren nicht sichern. Den Zwiespalt lösen wir auf, indem wir im nächsten Schritt mit gezielten Fragen dafür sorgen, dass der Blick auf die Grenze des Machbaren durch die Teilnehmenden vorgenommen wird.

*Hürden*

Nachdem nun das schöne Bild einer wünschenswerten Zukunft gestaltet wurde, folgt nun der Realitäts-Check, bei dem gleichzeitig Transparenz über die negativen Erfahrungen der Vergangenheit hergestellt wird. Dabei wird der Teufel des Scheiterns an die Wand gemalt. Zum Einstieg dient die Aussage: *„Es klappt nicht, weil ..."*, die dann von den Teilnehmenden fortgeführt wird.

### Es klappt nicht, weil….

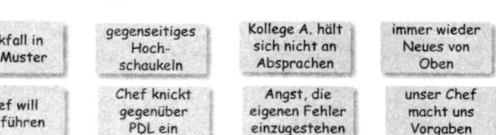

| mangelnde Akzeptanz für Führung | Rückfall in alte Muster | gegenseitiges Hoch- schaukeln | Kollege A. hält sich nicht an Absprachen | immer wieder Neues von Oben |
| --- | --- | --- | --- | --- |
| Team und neuer Chef sind wie Feuer & Wasser | Chef will uns führen | Chef knickt gegenüber PDL ein | Angst, die eigenen Fehler einzugestehen | unser Chef macht uns Vorgaben |
| steigende Anforderungen überfordern uns | Kollege C. „missversteht" Absprachen | wir bekommen keinen eigenen Team-Raum | Alltagsstress blockiert gute Absicht | Kollege B. sucht sich die Perlen raus |

*Abbildung 49: Hürden*

Wichtig ist hier die Ermutigung, allen *„Gespenstern"* Raum zu geben, alle Befürchtungen zu benennen, auch wenn sie noch so unwahrscheinlich sein mögen.

Hilfreich ist hierbei die Erlaubnis zu geben, dem Kollegen böse Absichten unterstellen zu dürfen. Dabei muss betont werden, dass es sich dabei um keine Zuschreibung an den Kollegen handelt, sondern um die eigene Angst, die nach keiner Begründung und auch nach keiner Erlaubnis fragt. Die These, dass Angst oft irrational sei, betont die Erlaubnis. (Beispiel: *„Hat es schon jemals geholfen die Angst zu beseitigen, wenn jemandem, der Angst hatte, gesagt wurde: Du brauchst keine Angst zu* *haben?"*) Damit wird die Angst von der projizierenden Zuschreibung getrennt und die mögliche Eskalationsdynamik unterbrochen. Neben der realistischen Einschätzung, was der Alltag von guten Vorsätzen übrig lässt, wird hier die Spannung zwischen Führen und Folgen deutlich. Während der neue Chef die mangelnde Akzeptanz seiner Führung befürchtet, liefert das Team die Bestätigung dafür durch die Nennung *„Chef will uns führen / macht Vorgaben"*. Genau das ist seine Aufgabe, doch das Team will das nicht akzeptieren. An dieser Stelle ist nun die missionsschützende Grenzsicherung der übergeordneten Leitung erforderlich, damit den Mitarbeitern deutlich wird, dass eine führungsfreie Zone unrealistisch ist und nun die Verabschiedung von der Illusion basisdemokratischer Entscheidungsfindung ansteht. Da wir die Pflegedienstleitung nicht sofort involvieren wollen, holen wir sie zunächst in gedanklich ins Boot, indem wir als legitimen Realitäts-Check - und dabei in unserer Beraterrolle bleibend - die Frage stellen: *„Was glauben Sie, wird Ihre Pflegedienstleitung, Ihre Abteilungsleitung und Ihre Klinikleitung dazu sagen, wenn sie hören, dass Sie befürchten geführt zu werden und Vorgaben zu erhalten?"*

Diese Intervention löste eine lebhafte Diskussion über Pro und Kontra von Führung aus. Am Ende konnten alle Beteiligten akzeptieren, dass Führung erforderlich ist. Das war ein großer Schritt für ein Team, das es gewohnt war, nicht geführt zu werden. Die Verabschiedung von dem Wunsch nach Hierarchiefreiheit und Basisdemokratie gelang zunächst nur rational, aber nicht emotional. Zwar konnte der Kopf einsehen, dass Führung erforderlich ist, aber Herz und Bauch können dieser kognitiven Erkenntnis nicht einfach folgen. Deshalb war eine bewusste Verabschiedung erforderlich, welche die Entwicklung der emotionalen Akzeptanz unterstützt. Dazu dienen symbolische Handlungen, welche unterhalb der kognitiven Ebene wirkten. Dafür haben wir ein kleines Ritual inszeniert, durch das der Verlust benannt werden konnte und sichtbar wurde. Wir forderten die Teammitglieder auf, das zu notieren, was sie durch diese Erkenntnis verlieren werden. Jedes Teammitglied las seine Karte vor und legte sie danach in einer Schale ab. Dadurch wurde der Verlust deutlich und gewürdigt, insbesondere von der neuen Führungskraft. Die Karten in der Schale wurden verbrannt, um zu verdeutlichen, dass das Alte vergangen ist, um Platz zu machen für Neues.

*Gegenmaßnahmen*

Bis hierher wurden als wesentliches Prozessergebnis erreicht, dass jeder mit seinen Anliegen, Hoffnungen und Befürchtungen gehört wurde und auch jeder von jedem weiß, wer wo steht. Da dieser Weg getragen wurde von Respekt, Wertschätzung und Achtung der Gefühle und Befindlichkeiten, konnte neben Vertrauen auch die Zuversicht wachsen, dass mit der scheinbaren Unvereinbarkeit der Unterschiede nun doch eine gemeinsame Zukunft gestaltbar wird. Oder anders ausgedrückt: Der vorhandene Änderungswunsch wird nun nicht mehr als schwer umsetzbar eingeschätzt, so dass eine Veränderung des Konfliktzustands vom Problem in Richtung Lösung erkennbar wird. Dieser Schwung ist für die folgenden Prozessschritte auch erforderlich. Es geht darum, Ideen zu sammeln, wie die Hürden bewältigt werden können. Dazu dient der Arbeitsauftrag mit der Aussage: *„Wie wir unsere Zukunft trotzdem sichern".*

## Wie wir unsere Zukunft trotzdem sichern:

| dem Chef gute Absichten unterstellen | beim Jour-Fixe Zeit schaffen f. Befindlichkeiten | ›STOP‹ vor Vulkan- ausbruch | Gruppenraum einfordern (bis zum KD) | Stammtisch wiederbeleben |
| tiiiiiief durchatmen | Dienstplan reflektieren | gegenseitige Erinnerung an gute Vorsätze | Kritik und Lob! (auch das Gute sehen) | regelmäßige Supervision |
| miteinander reden statt übereinander | Auswirkungen QS der PDL mitteilen | PDL sagt klar, was auf uns zukommt | immer wieder an die eigene Nase fassen | Abt. GD stellt Infos schneller zur Verfügung |

*Abbildung 50: Gegenmaßnahmen*

*Maßnahmen bewerten*

Nun müssen aus den vielen guten Absichten Handlungen werden. Zusätzlich gilt es sicherzustellen, dass die Ideen der Zukunftsgestaltung auch von den Teilnehmenden beeinflussbar sind und dass sie durch konkrete Handlungen zeigen, dass sie auch die Verantwortung für ihre Lösung übernehmen. Auch hier arbeiten wir wieder mit einer Matrix, deren Handhabung inzwischen vertraut ist.

### Das ist zu tun

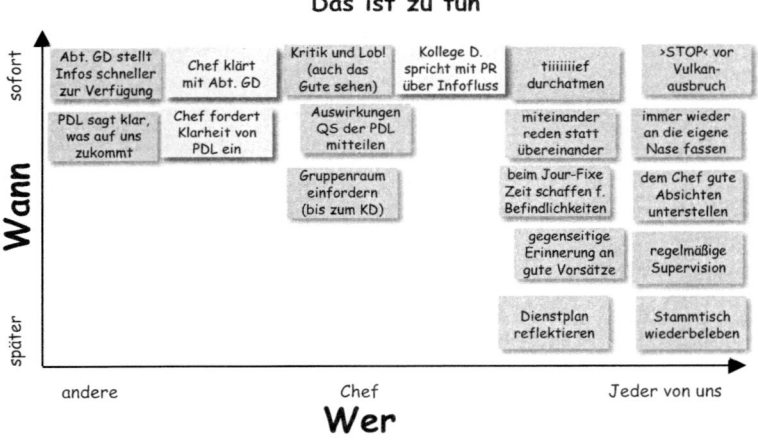

*Abbildung 51: Handlungsmatrix*

Die senkrechte Achse enthält den Zeitaspekt. Oben bedeutet, dass diese Idee sofort umsetzbar ist und unten steht für einen späteren Zeitpunkt. Doch viel spannender ist die waagerechte Achse, mit der die grundsätzliche Bereitschaft Verantwortung zu übernehmen sichtbar wird. Rechts bedeutet, dass die Anwesenden diese Idee umsetzen können und links heißt, das müssen andere tun. Zusätzlich haben wir in der Mitte der Achse noch den Punkt „*Chef*" aufgenommen. Sollten jetzt alle Karte links hängen, dann gäbe es keinen Zweifel mehr am Zustand der Symbiose mit seiner Erfordernis des Machteingriffs durch die Führungskraft (vgl. S.124). Die links positionierten Themen müssen nun von

den Teilnehmenden weiter bearbeitet werden, damit daraus Maßnahmen entstehen können, welche die Anwesenden durchführen.
In diesem Fall gab es nur zwei Karten auf der linken Seite. Mit der Frage *„Was tun Sie, damit die Anderen das tun, was Sie gerne hätten?"* werden neue Handlungsimpulse erzeugt und auf der Matrix mit weiteren Karten dokumentiert. Damit wird allen Beteiligten deutlich, dass sie selbst die Situation beeinflussen können, und steigert den Mut zur Umsetzung, der im nächsten Schritt erforderlich ist.

### Maßnahmen zuordnen

In diesem Schritt werden die Teilnehmenden aufgefordert, ihren konkreten Beitrag zum Gelingen zu benennen: *„Mein Beitrag zum Gelingen: Was ich übernehme!"* Dafür steht ein Flip-Chart mit den drei Spalten *„Wer, Was, Wann"* zur Verfügung.

| Mein Beitrag zum Gelingen: | | |
|---|---|---|
| Wer | Was | bis wann |
| | | |

*Abbildung 52: Aufforderung zur eigenverantwortlichen Handlung*

An dieser Stelle nehmen wir uns als Berater zurück und zeigen dies deutlich durch Übergabe der Schreibstifte an die Teilnehmenden:

> *„Das ist nun Ihr Einsatz. Mit Ihren Handlungen entscheiden Sie über den Erfolg Ihrer Zukunft. Tun Sie, was immer dafür erforderlich ist und schreiben Sie es auf."*

Damit ziehen wir uns in eine beobachtende Position zurück und lassen die Teilnehmenden unter sich die erforderlichen Maßnahmen festlegen. Dabei überprüfen wir, ob die Fähigkeit der Konfliktparteien, ihre Konflikte selbst zu lösen, wieder hergestellt ist. Dabei greifen wir nur dann ein, wenn wir den Eindruck erhalten, dass noch etwas fehlt. In

diesem Fall konnten wir uns zurückhalten. Alle Beteiligten zeigten
sich sehr willig, ihren Beitrag einzubringen.

Am Ende dieses Schrittes übernehmen wir wieder die Führung, um
die nächsten beiden Schritte einzuleiten. Dazu überprüfen wir zu-
ächst, ob für jede Karte der Handlungsmatrix auch eine konkrete
Maßnahme notiert wurde. Falls die Teilnehmenden nicht selbst
folgende Frage stellen, übernehmen wir das:

> *„Was erfährt Ihre Pflegedienstleistung von unserer gemeinsamen
> Arbeit und von wem?"*

Hier geht es um die Herstellung der Transparenz über Kommunikation nach außen. Schließlich will unser Auftraggeber erfahren,
was seine Investition gebracht hat. Auch hier werden Maßnahmen
festgelegt und notiert. Die Teilnehmenden waren sich gleich darüber einig, dass ihr Chef der Pflegedienstleitung Bericht darüber er-
stattet, dass für den Alltag Maßnahmen entwickelt wurden, mit denen ein reibungsloseres Miteinander gestaltet wird.

Danach folgt eine kurze Würdigung der bis hierher geleisteten
Arbeit mit dem gleichzeitigen Hinweis, dass noch zwei weitere
Schritte folgen. An dieser Stelle haben die Teilnehmenden meist den
Eindruck, dass nun die Arbeit getan und damit auch der Prozess
beendet sei. Dementsprechend hoch ist der Widerstand, sich auf
weitere Schritte einzulassen. Hier kommt unsere liebevolle Hart-
näckigkeit zum Einsatz, mit der wir die Ergebnissicherung betreiben.

> *„Ja, Sie haben es geschafft! Und damit das Ergebnis auch den
> Alltag überlebt, folgt jetzt noch ein wichtiger Schritt, nämlich Ihr
> Notfallplan. Das machen wir zur Sicherheit für den
> unwahrscheinlichen Fall, dass doch noch irgendetwas schief gehen
> sollte."*

## Notfallplan

Diesen Plan zu erstellen ist unattraktiv. Deshalb ist auch die Versuchung groß, diesen Schritt auszulassen. Doch allein schon die Existenz eines Notfallplans fördert den Umsetzungswillen der vereinbarten Maßnahmen im Alltag. Deshalb gehört dieser Schritt zu jeder Maßnahme dazu. *„Jetzt tun wir für einen Moment so, als ob alle Ihre Pläne im Alltag nicht funktionieren würden. Was genau tun Sie dann, um doch noch zum Erfolg zu gelangen?"*

**Falls es doch nicht funktioniert:**

| Situation | Konsequenz | Verantwortlich |
|-----------|-----------|----------------|
|           |            |                |

*Abbildung 53: Notfallplan*

Dieser Plan verbleibt meist in der Schublade und ist so etwas wie eine Versicherung. In jedem Fall sollte dieser Plan einen Zukunftsanker enthalten. Dafür wird ein Zeitpunkt festgelegt, an dem eine umfassende Ergebnisüberprüfung erfolgt: *„Am [dd.mm.tt] um [hh:mm] werden wir uns [im Raum / Ort] noch mal treffen und gemeinsam die Tragfähigkeit unserer Vereinbarungen bewerten, um dann zu entscheiden, wie es weiter geht."*

## Review

Nun schließt eine Prozessreflexion die gemeinsame Arbeit ab. Hier soll jeder Teilnehmende noch mal die Gelegenheit erhalten, seiner Befindlichkeit Ausdruck zu geben. Dazu dienen Fragen wie *„Meine Zufriedenheit mit dem Weg und dem Ergebnis"* oder auch *„Was nehme ich mit, was lasse ich hier".*
Am Ende erfolgt unser Feedback und Dank an die Teilnehmenden, die sich unserer Führung durch diesen Prozess anvertraut haben.

Nun haben sie wieder den Zustand der Selbstlösungsfähigkeit ihrer
Konflikte erreicht und sind auch wieder handlungsfähig. Damit ist
unser Auftrag zunächst erfüllt. Mit einer Geste, die den gegenseitigen
Dank und Respekt zum Ausdruck bringt, beenden wir unsere Intervention mit den Teilnehmenden.

## Umsetzung der Lösung im Alltag

Die gefundenen Ergebnisse trugen im Alltag Früchte. Zwar gibt es
ab und zu immer noch ein Bestreben nach Basisdemokratie, dem die
Führungskraft dennoch erfolgreich begegnet. Nachhaltiges Lernen
braucht Wiederholungen, damit es sich gut verankern kann.
Ein wirksames Ritual hat das Team mit dem *„Vulkan"* etabliert: Wer
sich so sehr ärgert, dass seine Emotionalität zur Eskalation der
Beziehungsdynamik führen würde, sagt nur das Wort *„Vulkan"*.
Damit wird dem Gegenüber signalisiert, dass im Moment jeder
weitere Austausch und Kontakt zu unterbrechen ist, damit eine
Abkühlung des erhitzen Gemüts eintritt. Das Gegenüber macht
dann einen Vorschlag, zu welchem Zeitpunkt wieder ein gemeinsames Gespräch möglich ist und fragt: *„Mittagspause?"* Der *„Emotio-*
*nale"* stimmt entweder zu oder macht einen Gegenvorschlag, bis
schließlich ein Zeitpunkt gefunden wurde. Da vier der acht Teammitglieder über ein stark ausgeprägtes Autonomiebedürfnis verfügen (vgl. *„Kämpfer"* S.132), gab es immer wieder Zusammenstöße,
die mit dem *„Vulkan"* in geregelte Bahnen gelenkt werden konnten.
So hat die Mediation neben der Klärung kritischer Aspekte der
Zusammenarbeit auch dazu beigetragen, dass die Teilnehmenden
Wege gefunden haben, über die sie ihre Konfliktkompetenz weiter-
entwickelt haben.

## Abschluss und Evaluation

Nach sechs Monaten nahmen wir den zuvor verabredeten Kontakt mit der Pflegedienstleitung auf, um die Ergebnisse aus ihrer Sicht zu erfahren. Sie war sehr zufrieden darüber, dass die gewünschte Ruhe wieder vorhanden ist. Auch zeigte sie sich sehr erfreut darüber, dass *„ausgerechnet diese Abteilung"* wirklich brauchbare Verbesserungsvorschläge zur Qualitätssicherung benennt. Ganz offensichtlich ist den Mitarbeitern dieser Abteilung besonders gut gelungen, auch ihren formalen Beitrag zur Erfüllung der Mission zu leisten.

Der zusätzliche Hinweis, dass ein Mitarbeiter versetzt wurde, weil er sich nicht an die im Team getroffenen Vereinbarungen halten konnte, zeigt uns auch, dass auch die Pflegedienstleitung sich inzwischen weniger davor scheut, auch die eher ungeliebten formalen Führungsaspekte wie Sanktionen wahrzunehmen. So konnten wir auch bei der Pflegedienstleistung eine Erweiterung ihrer Führungskompetenz erkennen.

Nach unserer Einschätzung ist es in diesem Prozess gut gelungen, mithilfe der drei Perspektiven Mission, Funktion und Kompetenz ein rundes, stimmiges und entwicklungsförderndes Ergebnis zu erzielen.

# Integratives Management

Hier beantworten wir die Frage, wie Manager und Führungskräfte in ihrer Rolle als Entscheider ihre mediativen Kompetenzen zur Wirkung bringen. Wie bereits bei der Darstellung von Funktion und Kompetenz gezeigt, können Entscheider mit Kontextverantwortung in ihrem Bereich nicht als Mediator tätig sein. Sie können jedoch ihre mediativen Kompetenzen zielgerichtet zum Einsatz bringen. Mediative Kompetenzen in der Führungsrolle erleichtern die Herstellung der dynamischen Balance zwischen formalen und sozialen Führungsaspekten (vgl. S. 86).

Wie wir mit der Unterscheidung des Managements von Stabilität und Instabilität aufgezeigt haben, ist nicht jede Managementform für jede Situation geeignet. So stellt sich auf der Suche nach dem richtigen Weg immer auch die Frage, ob nun Funktionsoptimierung oder Prozessmusterwechsel zum Erfolg führt. Doch diese Frage fördert Identitätskämpfe zwischen Veränderern und Bewahrern und mündet im Verlust der Ergebnisorientierung. Deshalb ist eine erweiterte Managementform erforderlich, die beide Ansätze integriert.

Der normale Managementprozess mit seinen sechs Schritten (Ist, Soll, Planung, Entscheidung, Umsetzung, Kontrolle) führt im Alltag immer wieder zu den bereits im ersten Teil beschriebenen Reibungsverlusten. In Mediationen verändern wir diesen Prozess, um die gewünschte ergebnisorientierte Arbeitsfähigkeit wieder in den erforderlichen Zustand zu führen. Diese Erfahrungen aus Management, Führung und Mediation haben wir zu einer neuen Prozesslogik zusammengefasst, welche auf Führungs- und Managementaufgaben grundsätzlich übertragbar ist.

Das Besondere dieser Prozesslogik besteht in der Vorwegnahme von Hürden und Widerständen. Sie werden bearbeitet, bevor sie im Alltag entstanden sind. Durch ein Element, das man auch

*„präventive Mediation"* nennen könnte, werden mögliche Probleme
vor ihrer Entstehung erkannt und benannt und damit der üblichen
Eskalationsdynamik vorgebeugt. Zusätzlich führt die Einbindung
der Beteiligten in die Zieldefinition zu einer stärker ausgeprägten
Handlungsaktivität und Umsetzungsenergie. Die Schritte des
integrativen Managementprozesses im Überblick:

| Schritt | Ziel | Aufgabe | Vorgehen siehe Mediationsschritt |
|---------|------|---------|----------------------------------|
| 1. IST | Zustand der aktuellen Situation verstehen | Gemeinsame Klärung der Frage: Wo stehen wir? | Belastungen sammeln und evaluieren (S. 166) |
| 2. Ideales Soll | Klare Benennung von Anliegen und Zielen | Wünschenswerte Bilder der Zukunft entwickeln | Zukunftsvision (S. 169) |
| 3. Mögliche Hürden | Frustrationstoleranz erhöhen | Transparenz über negative Erfahrungen herstellen, Raum für die Benennung von Befindlichkeiten schaffen, Know-how nutzen | Hürden (S. 171) |
| 4. Realistisches Soll | Veränderungswillen verstärken | Gemeinsam getragene Zielvorstellung entwickeln | Gegenmaßnahmen (S. 173) |
| 5. Maßnahmenplan | Handlungen konkretisieren | Tragfähige Entscheidung herbeiführen | Maßnahmen bewerten und zuordnen (S. 174) |
| 6. Umsetzung | Ergebnisse erzielen | Umsetzungsenergie sichern | |
| 7. Kontrolle = neues IST | Erfahrungen reflektieren und nutzen | Ergebnisse bewerten und die Sinnhaftigkeit der ursprünglichen Ziele überprüfen | Review (S. 177) |

*Übersicht 54: Prozessschritte des integrativen Managements*

Das im ersten Teil dargestellte Mangelerleben der normalen Manage-
mentprozesse wird mit dem integrativen Managementprozess
erfolgreich reduziert. Neben dem Prozess in seiner Gesamtheit können

auch immer wieder einzelne Elemente davon situationsabhängig eingesetzt werden.

Das Erfolgsgeheimnis des integrativen Managements basiert nicht allein auf der Veränderung der Prozessschritte, sondern auf der Haltung derjenigen, die den Prozess steuern. Von daher bedarf die Umsetzung des integrativen Managements mediativer Kompetenzen der Entscheider und Prozesssteuerer (vgl. S. 95- 114).

**Integrativer Managementprozess...**

**... als Kreislauf dargestellt**

*Abbildung 55: Das integrative Management als Kreislauf*

Nun folgen Hinweise, die wir für die Umsetzung der einzelnen Schritte für wesentlich halten und in der Führungsrolle angewandt werden können. Dabei bleiben Sie in Ihrer Ergebnisverantwortung. Das unter *„Umsetzung des Plans"* (S. 164-177) beschriebene Vorgehen der Mediation können Sie auch als Führungskraft weitgehend übernehmen. Hilfreich ist es, wenn Ihnen Moderationstechniken wie Kartenabfrage oder Methoden wie Brainstorming vertraut sind. Und noch besser ist es, wenn Sie im Umgang mit Ihrer Doppelrolle als Führungskraft und gleichzeitiger Moderator geübt sind, wenn Sie also wechseln kön-nen zwischen den Rollen *„Entscheider"* und *„Berater"*. Ihre mediativen Kompetenzen sind während des gesamten Prozesses erforderlich und werden im dritten Schritt der Ermittlung der Hürden ganz besonders gefordert.

## 1. Ist-Zustand

Dieser erste Schritt der Bestandsaufnahme erfordert das Zusammentragen vielfältiger Sichtweisen. Eine gute Voraussetzung ist die Fähig-keit aller Beteiligten, fremde Sichtweisen als Bereicherung betrachten zu können. Dafür üben Sie als Führungskraft mit Ihrem Verhalten Vorbildfunktion aus. Da Bewertungen die Aufmerksamkeit in eine bestimmte Richtung lenken, schränken sie den Blick für das Ganze ein. Halten Sie sich deshalb in der Bestandsaufnahme mit Bewertungen zurück und unterbinden Sie auch Bewertungen Ihrer Mitarbeiter, positive und negative gleichermaßen. Nehmen Sie jeden Beitrag möglichst mit der gleichen Wertschätzung auf. Überprüfen Sie durch Nachfragen Ihre möglichen Vorannahmen. Visualisierungen sind eine wichtige Ergänzung zum gesprochenen Wort. So wird es nach und nach gelingen, das Bild des Ganzen zu vervollständigen und für alle Beteiligten fassbar zu gestalten.

Für die Bestandsaufnahme können Sie die Belastungsmatrix einsetzen. Sollte die Überschrift *„Belastungen in unserer Zusammenarbeit"* unpassend sein, benennen Sie es um in *„Bestandsaufnahme"* oder *„Situationserfassung"*. Die Achse *„Emotionale Belastung"* kann ebenfalls je nach Situation umbenannt werden. Wichtig ist, dass diese Umbenennung weiterhin die Transparenz sozialer bzw. emotionaler Aspekte ermöglicht. Die Pole können sein Freude-Ärger, spannend-langweilig, Lust-Frust, Sonne-Gewitterwolken oder was sonst für Ihre Situation passend ist. Wichtig ist bei dieser Matrix der bifokale Blick auf Mensch (emotional, sozial) und Organisation (sachlich, formal), mit dem eine balancierte Führung (S. 86) praktisch erlebbar wird.

## 2. Ideales Soll

Zum idealen Soll gehören die beiden Aspekte Spielfeld und seine Grenzen (S. 143). Verschaffen Sie sich zuerst Klarheit, auf welcher Stufe Sie sich befinden: Was steht fest und was ist verhandelbar? Oder anders ausgedrückt: Was ist Pflicht und was ist Kür (=ideales Soll)? Diese Differenz definiert den Verhandlungsspielraum, in dem Sie sich mit den Beteiligten befinden. Als Arbeitsgrundlage muss dieser Raum auch allen Beteiligten bekannt sein.

Neben Ihren Vorstellungen vom zukünftigen Idealbild gibt es auch die Ihrer Mitarbeiter sowie den der Beteiligten aus anderen Bereichen. Diese gilt es ebenfalls zu erfassen. Dafür können Sie die Lösungsmatrix nutzen. Wie schon bei den methodischen Hinweisen zur Bestandsaufnahme beschrieben, passen Sie Überschrift und Bezeichnung der Achsen auf Ihr Anliegen an. Hier einige Hinweise zur Ermittlung des idealen Solls:

- Stellen Sie sich darauf ein, dass hier widersprüchliche Vorschläge genannt werden, die unvereinbar sein werden. Lassen Sie sich und Ihre Mitarbeiter nicht davon aus der Ruhe bringen.
- Ermutigen Sie die Beteiligten, ihre Ideen, Wünsche und Vorstellungen einzubringen, auch wenn die Realisierbarkeit ungeklärt ist. Hilfreich ist der Hinweis:
  *„Das Einbringen Ihrer Ideen und Zielvorstellungen ist keine Garantie, dass diese auch erreicht werden, wohl aber eine wichtige Voraussetzung dafür. Ich muss von Ihren Ideen wissen, um zu prüfen, ob und wie sie erreichbar sind."*
- Wie beim Brainstorming sind Realitäts-Check und Bewertungen zu unterbinden.
- Verständnisfragen sind nicht nur erlaubt, sondern unbedingt erforderlich, damit allen Beteiligten die verschieden Anliegen hinter den Zielen verständlich werden.
- Lassen Sie Sarkasmus und Zynismus nur soweit zu, wie es Ihnen durch Umformulierungen gelingt, die dahinter liegenden Wünsche

zu benennen (vgl. „*Reframing und Werte*" Seite 107). Ansonsten nutzen Sie Ihre Definitionsmacht, indem Sie allen Beteiligten deutlich mitteilen, dass Sie einen abwertenden Sprachgebrauch nicht dulden.

- Erzeugen Sie eine Atmosphäre der wohlwollenden Aufmerksamkeit, indem Sie selbst gutes Beispiel bieten und wertschätzend die Ziele hinterfragen, um sie zu verstehen und nicht, um sie zu bewerten. Selbst, wenn ein Ziel offensichtlich nicht mit der von Ihnen aufgezeigten Grenze zu vereinbaren ist, bleiben Sie im Mediations-Modus des „*Verstehen-Wollens*". Der Management-Modus des „*Bewerten-Müssens*" erfolgt erst am Ende des nächsten Schrittes.

## 3. Mögliche Hürden

Hier wird Transparenz über Befürchtungen, Ängste, Reibungspunkte und Grenzen hergestellt. Bei diesem Schritt kann es zu heftigen Auseinandersetzungen kommen. Das ist in diesem Prozessschritt auch wünschenswert. Ihre mediativen Kompetenzen sind hier besonders gefragt, denn es geht darum, dass das auf den Tisch kommt, was bislang unter den Teppich gekehrt wurde. Auf dem Tisch lässt es sich betrachten und bearbeiten, nicht aber unter dem Teppich. Häufig werden hier Anschuldigungen und Vorwürfe gegenüber anderen benannt und zwischenmenschliche Spannungen offenbaren sich deutlich. Genau das ist für die weiteren Prozessschritte sehr wichtig und darf aber nicht in einer unbeherrschbaren Eskalation münden. Diese Spannung zu steuern, ist bei diesem Schritt wichtiger Bestandteil Ihrer Aufgabe. In emotional belasteten Situationen sind Vorwürfe und Schuldzuweisungen etwas völlig Normales. Sie als Führungskraft stehen gleich vor zwei Herausforderungen: Sie müssen zuerst in der Lage sein, Ihre eigene emotionale Temperatur zu steuern, bevor Sie in der Lage sind, die emotionalen Temperatur Anderer zu steuern.

Einer der stärksten Eskalationsmotoren ist der Gesichtsverlust.
Diesen gilt es mit aller Ihnen zur Verfügung stehenden Kraft zu
verhindern. Dafür gibt es einen sehr wirksamen Trick, mit dem Sie
dem Eskalationsmotor den Treibstoff entziehen: *Von sich reden*. Im
Klartext bedeutet es, dass eine Kommunikationsform eingeführt
wird, bei dem es verboten ist, über das miese Verhalten eines
Kollegen zu berichten, sondern immer nur darüber, was das
Verhalten des Kollegen bei dem Betroffenen bewirkt hat. Eine sehr
wirksame Methode, von sich zu reden, ist die gewaltfreie
Kommunikation nach Marshall Rosenberg (2001). Dabei wird eine
Botschaft in vier Teile zerlegt:
Wertfreie und objektive Darstellung der Sache, Benennung des
damit verbundenen Gefühls, Benennung des Bedürfnisses, aus
dessen Mangelerleben das Gefühl entsteht, und schließlich die
Äußerung eines Veränderungswunsches. Schwierige Botschaften in
diese vier Schritte von Sache, Gefühl, Bedürfnis und Wunsch
aufzuteilen, erfordert viel Übung, bevor es klar und authentisch
wirkt. Doch der Aufwand dafür ist durchaus lohnenswert, denn er
führt zu einer klaren und aufrichtigen Kommunikation mit deutlich
weniger Miss-verständnissen. Im Kontext von Organisationen
erleben wir häufig Vorbehalte gegen den Einsatz der gewaltfreien
Kommunikation. Besonders die Benennung von Bedürfnissen ist bei
manchen Menschen mit dem unangenehmen Gefühl der Bedürftig-
keit verbunden. So kamen wir auf die Idee, die vier Schritte um-
zubenennen, um die Akzeptanz der gewaltfreien Kommunikation
in Organisationen leichter zu ermöglichen. Daraus entstand das
4W-Modell, das der gewaltfreien Kommunikation entspricht (Härlin
2010, 179).
Ein emotional geladener Mensch braucht für die Umsetzung des 4W-
Modells Unterstützung, die Sie als Führungskraft ihm bieten können.
Dafür ist es erforderlich, dass sich Ihr eigenes *„Reptilienhirn"* im *„Ruhe-
zustand"* befindet (vgl. S. 111). Diese Art der Kommunikation mit dem
4W-Modell erfordert nicht nur eine Kultur, in der Wertschätzung ein

akzeptiertes und wichtiges Anliegen ist, sondern darüber hinaus auch regelmäßige Übung. Je geübter die Beteiligten im Umgang mit dem 4W-Modell sind, desto wirksamer, einfacher und befriedigender wird die Ermittlung der Hürden. Einige unserer Kunden haben das 4W-Modell in ihren Besprechungsräumen sichtbar ausgelegt. In schwierigen Gesprächssituationen erinnern und unterstützen sie sich gegenseitig in der Anwendung und beugen vermeidbaren Eskalation vor.

| 4W-Modell | | Beispiel: |
|---|---|---|
| **W**ahr-nehmung | Äußere Wahrnehmung, möglichst objektive Tatsachen, ohne Bewertung, Z.D.F (Zahlen-Daten-Fakten) | *Wir hatten uns heute für 9:00 Uhr zur Besprechung verabredet. Sie sind um 9:15 eingetroffen.* |
| **W**irkung | Innere Wahrnehmung, Gefühle benennen, Ausdruck geben, was es bei mir bewirkt | *Darüber habe mich heftig geärgert, ...* |
| wirklich **W**ichtig | Mein guter Grund / mein Bedürfnis / meine Werte benennen | *...weil ich durch Ihr Fehlen mit meiner eigenen Arbeit nicht weiter komme, zugesagte Termine nicht mehr einhalten kann und dadurch unverschuldet in Zeitnot gerate. Mir ist ein gutes Miteinander wichtig und dazu gehört für mich Verlässlichkeit und Termintreue.* |
| **W**unsch / Weisung | Veränderung, Erwartung, Lenkung, Führung, Bitte: Lösungsidee benennen, wie es laufen könnte | *Bitte erscheinen Sie zum vereinbarten Zeitpunkt oder sorgen Sie irgendwie dafür, dass durch Ihre Verspätung andere nicht belastet werden.* |

*Übersicht 56: 4W-Modell*

Weiterhin ist es besonders bei diesem Schritt sehr hilfreich, wenn Sie geübt sind mit Reframing und wertneutralen Formulierungen (S. 101ff). Neben dem „Von-Sich-Reden" gibt es einen weiteren wichtigen Aspekt, den Sie als Führungskraft ebenfalls beachten müssen. Wenn durch die Austragung persönlicher Kämpfe die Erfüllung der Mission gefährdet wird, ist Ihre klare Intervention erforderlich, mit der Sie der Art der Austragung ein Ende setzen. Die Verantwortung für den Umgang mit persönlichen Konflikten ihrer Mitarbeiter bleibt bei ihren Mitarbeitern, egal, um was gestritten wird. Der Umgang mit der Auswirkung des Mitarbeiterkonfliktes liegt in Ihrer Führungsverantwortung. Dazu gehört die Entscheidung, ob Sie die Austragung eines Mitarbeiterkonflikts zulassen oder unterbinden. Hier folgt nun ein Beispiel, wie bei der Ermittlung der Hürden die Klärung der Verantwortung und das Von-Sich-Reden eines Mitarbeiters (MA) erreicht werden kann.

| Wer | Dialog | Anmerkung |
| --- | --- | --- |
| MA: | *Der Kollege Meier pickt sich die Rosinen raus und lässt uns die Drecksarbeit übrig.* | Einladung zum Schlagabtausch. Hier könnte Meier einsteigen und sich gegen diesen Vorwurf wehren. |
| Chef: | *Was meinen Sie mit „Rosinen rauspicken"?* | Konkretisierung durch Nachfragen. |
| MA: | *Na ist doch klar: Meier sorgt dafür, dass ihm genügend Zeit für seine Imagepflege bleibt, damit er überall glänzen kann.* | Verstärkung des Vorwurfs, dass Meier ein „Blender" sei - eine weitere Einladung zum „Tanz auf dem Vulkan" |
| Chef: | *Ok. Ich höre, dass Sie mit Meiers Verhalten unzufrieden sind. Vermutlich müssen Sie eide da etwas miteinander klären. Ob Sie das tun, und wie Sie das tun, liegt allein in Ihrer Verantwortung.* | Aufnehmen des Vorwurfs und Rückgabe der Verantwortung an die beiden Kollegen für Ihren Konflikt |
| Chef: | *Was hier und jetzt unsere Hürden angeht, so habe ich verstanden, dass Sie besorgt sind, es könnte für Sie eine übermäßige Arbeitsbelastung entstehen. Stimmt das so?* | Gleichzeitiges Angebot einer Hypothese mit der Sorge um Arbeitsüberlastung.<br><br>Mitarbeiter hat verstanden, dass der Chef die Austragung persönlicher Konflikte auf Firmenkosten nicht zulässt. Doch der für die Erfüllung der Mission bedeutsame Aspekt der Arbeitsbelastung wird dokumentiert. |
| MA: | *Ja.* | |
| Chef: | *Dann notieren Sie es und hängen Sie es zu den andern Punkten, damit es nicht verlorengeht.* | |

*Übersicht 57: Beispieldialog „Von-Sich-Reden" und „Verantwortung"*

## 4. Realistisches Soll

Bei der Ermittlung der Hürden ist auch deutlich geworden, wem was wirklich wichtig ist. Diese Klarheit wirkt sehr heilsam. Wenn im vorherigen Schritt die Emotionen hochgekocht sind, empfiehlt sich vor dem *„Realistischen Soll"* eine Pause einzulegen. Meist ist es sehr hilfreich, eine Nacht darüber zu schlafen.

Das Besondere des *„Realistischen Solls"* liegt in dem mit allen Beteiligten erreichten Commitment. Dafür sind zwei Schritte erforderlich. Zuerst werden alle möglichen Lösungsideen gesammelt. Da aber Realität erst durch Handlungen entsteht, erfolgt im anschließenden Schritt die Zuordnung der Lösungsideen in der Handlungsmatrix. Neben Ihrer Moderationsaufgabe des Sammelns und Strukturierens wird hier Ihre Führungsrolle deutlich. Hier sind Sie gefordert, die Grenzen des Spielfeldes dadurch zu sichern, das Sie bei den *„Gegenmaß-nahmen"* die grenzsichernden Aspekte nochmals benennen und ebenfalls als Karten notieren. Achten Sie darauf, dass keine Karte, die auf der linken Seite der Handlungsmatrix positioniert ist (=*andere müssen etwas tun*), dort verbleibt, ohne weitere Handlungen abzuleiten.

## 5. Maßnahmenplan

Jetzt ist allen Beteiligten klar, dass jeder seinen Beitrag leisten muss und sich niemand mehr verstecken kann. Mit dem unter S. 175 beschriebenen Vorgehen wird erreicht, dass jeder seinen eigenen Beitrag benennt. Durch diese Verbindlichkeit wird der Umsetzungswille deutlich erhöht. Betrachten Sie gemeinsam den gesamten visualisierten Prozess von Schritt eins bis fünf und beziehen Sie alle Beteiligten in die Lösungsverantwortung nochmals ein durch offene Frage: *„Was haben wir noch übersehen?"*. Wenn Ihnen dabei etwas Übersehenes auffällt, warten Sie zunächst ab und geben ihren Mitarbeitern die Chance, es zu benennen. Es ist ziemlich normal, dass Sie als Führungskraft das Fehlende schneller erkennen, als Ihre Mitarbeiter. Wird es von Ihren

Mitarbeitern benannt, wird damit die Bereitschaft zur Verantwortungsübernahme und Umsetzung gestärkt.
An dieser Stelle gilt es zu entscheiden, ob ein Notfallplan erforderlich
ist. Sofern eine deutlich gelöste Stimmung untereinander vorhanden
ist, kann der Notfallplan entfallen. Nutzen Sie dafür Ihr Bauchgefühl.
Sollten jedoch immer noch Spannungen vorhanden sein, ist der
Notfallplan unverzichtbar. Dabei sind Sie in Ihrer Führungsrolle
gefordert allen Beteiligten zu verdeutlichen, welche Konsequenzen das
Scheitern der Maßnahmen nach sich zieht, insbesondere die klare
Benennung
möglicher Sanktionen. Mit dem Maßnahmenplan ist die Voraussetzung
für eine spätere wirkungsvolle Kontrolle der Ergebnisse geschaffen.
Hier gilt es, den Zeitpunkt (und nicht etwa einen Zeitraum) von
Kontrollen konkret zu benennen (z. B. „3. August, 9 Uhr", nicht „Erste
August-woche"). Wichtig ist, dass jede angekündigte Kontrolle zum
vereinbarten Zeitpunkt auch tatsächlich stattfindet.
Bevor Sie nun diesen Schritt beenden, reflektieren Sie gemeinsam den
Prozessverlauf. In jedem Fall sollte jeder Beteiligte die Chance haben,
seiner Zufriedenheit oder auch Unzufriedenheit Ausdruck zu geben.
Gleichzeitig ist dieser Zeitpunkt gut geeignet, dass Sie als Führungskraft anerkennen, dass dieser Prozess nicht immer und für jeden ange-
nehm war, Sie Ihre Zuversicht auf eine erfolgreiche Umsetzung im Alltag zum Ausdruck bringen und die gemeinsame Arbeit würdigen.

## 6. Umsetzung

Wenn die vorherigen Schritte gelungen sind, bedarf es bei der
Umsetzung so gut wie keine Führungsimpulse mehr. Wurden
Zwischen-kontrollen vereinbart, müssen diese natürlich auch
stattfinden. Die Zeit, welche für die Schritte eins bis fünf investiert
wurde, macht sich bei der Umsetzung durch zügigere Ergebnisse
bezahlt. Für alle Beteiligten bedeutet es einen großen emotionalen
Unterschied, ob sie in einen Prozess des normalen Managements mit

all den im ersten Teil beschriebenen Frustrationen eingebunden sind, oder ob sie einen integrativen Managementprozess erleben dürfen, der durch den Einsatz mediativer Kompetenz in der Führungsrolle ermöglicht wurde.

## 7. Kontrolle

Dieser Schritt ist Bestandteil der Bestandsaufnahme, sofern es sich nicht um einen neuen Prozess handelt, bei dem noch keine zu kontrollierenden Ergebnisse existieren. Zuerst erfolgt die Ermittlung der Differenz zwischen den aktuellen Ergebnissen (*Ist*) und dem zuvor geplanten Ergebniszustand (*Soll*). Je komplexer die Gesamtsituation ist, desto wahrscheinlicher wird eine Differenz von Ist und Soll vorhanden sein. Hier gilt es, diese Differenz nicht nur als bloßen Mangel zu betrachten, sondern auch als Lernchance für das gesamte System zu nutzen. Zu dem System gehören zahlreiche Elemente, die auf das Ergebnis Einfluss nehmen: Die Kompetenzen der Beteiligten, die Beziehung der Beteiligten untereinander, die Kultur, die Mission sowie die Marktsituation der Organisation. In diesen zahlreichen Einflussfaktoren verbergen sich „*Gute Gründe*" für den Ergebniszustand, die es zu identifizieren gilt. Die Suche nach dem Schuldigen greift meist viel zu kurz. Deshalb ist die Bezeichnung „*Gute Gründe*" nicht ironisch gemeint, sondern versteht sich als Einladung zur wertschätzenden Betrachtung der Hintergründe, die zu dem Ergebnis geführt hatten. Diese Sicht basiert auf der Grundannahme, dass jeder Mensch einen ganz guten Grund dafür hat, sich genau so zu verhalten, wie er sich verhält, auch wenn „*verstanden*" nicht „*einverstanden*" bedeuten muss. Es lohnt sich der Versuch, diesen guten Grund zu suchen und zu erkennen, um daraus etwas Neues zu lernen. Diese Erweiterung des Betrachtungsraumes reduziert Demotivation und steigert die Bereitschaft der Beteiligten zur Lösungssuche und damit auch den Umsetzungswillen der abgeleiteten Maßnahmen.

Hier einige Hinweise zur Kontrolle:

- Kontrolliert werden immer nur Ergebnisse, nicht die Menschen.
- Zeitpunkt und Umfang der Bewertung der Arbeitsergebnisse und die zu erfüllenden Kriterien sind bekannt.
- Überprüfen Sie die aktuelle Relevanz der ursprünglich angestrebten Ziele. Sind diese Ziele immer noch genauso gültig, wie zum Zeitpunkt der Maßnahmenplanung?
- Teilen Sie Ihren Mitarbeitern Ihre Zufriedenheit mit dem Ergebnis klar und unmissverständlich mit. Dabei ist der Ausdruck von Freude über ein gutes Ergebnis genauso legitim, wie der Ausdruck von Unzufriedenheit oder Ärger bei schlechten Ergebnissen.
- Nutzen Sie dabei das 4W-Modell.
- Ermitteln Sie die guten Gründe, die zu dem vorliegenden Ergebniszustand geführt haben, sowohl bei positiven als auch bei negativen Ergebnissen, denn die guten Gründe sind Lernwegweiser, die für den nächsten Prozess genutzt werden wollen.
- Feiern Sie Erfolge.

## Der Nutzen des integrativen Managements

Um die zahlreichen Vorteile des integrativen Managements nutzen zu können, benötigen die Entscheider mediative Kompetenzen. Sind diese vorhanden, kann die zukunftsweisende Form des Ergebnisse-Erzielens Realität werden. Der „Diamant" zeigt den gesamten Prozess des integrativen Managements, der auch in Teilen genutzt werden kann.

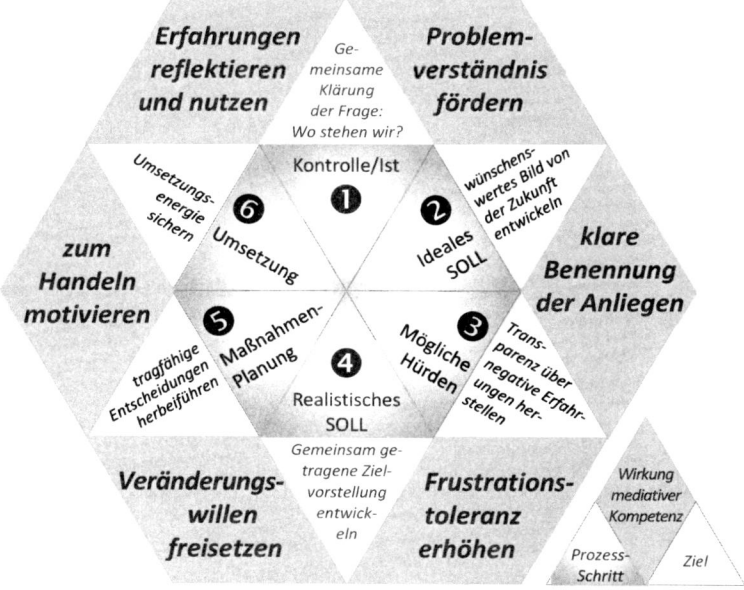

*Abbildung 58: Der „Diamant" des integrativen Managements*

### Ausrichtung von Handlungen am Daseinszweck

Mit dem integrativen Managementprozess werden missionsgerechte Handlungen gefördert und gefordert. Die Balance zwischen formalen und sozialen Führungsaspekten richtet Handlungen immer wieder am Daseinszweck aus.

**Erhöhung der Frustrationstoleranz**
Durch das Gehört-Werden aller Meinungen wird das Erleben von Grenzen durch ein „Nein" leichter erträglich.

**Ausbau der Kooperationsfähigkeit**
Die Prozessschritte sind auf umfassende Partizipation angelegt. Das Einbeziehen anderer wird zum selbstverständlichen Element des Handelns.

**Freisetzung von Kreativität**
Das Erleben von Wertschätzung fördert das Engagement und Ideenreichtum. Da mögliche Hindernisse vor ihrer Entstehung bewältigt werden, erhalten Ergebnisse eine größere Tragfähigkeit und Lösungsfallen werden vermieden.

**Ressourcen- und entwicklungsorientiertes Handeln**
Lernen aus Fehlern wird durch den Einsatz mediativer Kompetenzen, insbesondere bei der Kontrolle, sehr gefördert.

**Nutzen von Lernchancen („Lernende Organisation")**
Da ein kaschieren von Fehlern zum Selbstschutz nicht mehr erforderlich ist, werden Lernfelder für Mensch und Organisation gleichermaßen sichtbar und nutzbar.

**Motivation ist kein Thema mehr**
Dieser Ansatz löst sich vom Thema „Motivation als Konsumgut", indem die Übernahme von Eigenverantwortung eingefordert und gefördert wird.

**Stärkung des guten Images als Arbeitgeber**
Menschen, die im integrativen Management geführt werden, strahlen eine höhere Zufriedenheit über ihre Arbeit aus und berichten gerne darüber.

**Wettbewerbsvorteile erzielen**
Organisationen, in denen das integrative Management gelebt wird, werden Organisationen mit „normalem" Management überleben.

# SCHLUSSBETRACHTUNG

Bei der Auseinandersetzung mit dem Thema dieses Buches haben wir unsere Erfahrungen aus den zahlreichen und grundverschieden Organisationen intensiv reflektiert. Dabei konnten wir immer wieder feststellen, dass es mit Führung vielfältige Probleme gibt. Besonders deutlich wird diese Erkenntnis, wenn wir die Inhalte von Coachings, Praxisworkshops und Mediationen betrachten. In nahezu allen Fällen ging es neben anderen immer auch um Führungsprobleme. Da drängt sich der Gedanke auf, dass die Ursache bei den Führungskräften zu suchen sei. Auch wenn wir bei vielen Führungskräften Verbesserungspotenziale erkennen, so ist dieser Mangel nur ein Teilaspekt des Ganzen – wenn nicht sogar nur die Spitze des Eisbergs.

Denn gleichzeitig beobachten wir aber auch eine Tendenz, dass die Geführten der Führung ihr Folgen verweigern. Häufig werden Führungskräften *„böse Absichten"*, *„Unfähigkeit"* und *„Machtmissbrauch"* unterstellt. So hören wir nicht selten Geschäftsführer und Vorstände darüber klagen, dass sie gerne von ihren Führungskräften Klartext hören würden, diese es aber nicht tun. Reden wir mit den Führungskräften, werden hinter vorgehaltener Hand Vermutungen geäußert, wie die oberste Leitungsebene auf Klartext ihrer Führungskräfte reagiert: *„Wunderbar! Sie sind offen, Sie sind ehrlich, Sie sind entlassen!"* Wir können nicht beurteilen, wie real diese Gefahr im Einzelfall tatsächlich ist. Doch wir erleben auch, dass sich durch Feedback diese Ängste oftmals auflösen. Wo Feedback jedoch fehlt, treffen wir vermehrt auf diese Form stabiler Symbiosen.

Auch in Mediationen erleben wir es als einen großen Entwicklungsschritt, wenn wir zu Vereinbarungen kommen, bei denen dem

Anderen solange „*Gute Absichten*" unterstellt werden, bis das Gegenteil bewiesen ist. Normalerweise richtet sich die Aufmerksamkeit
wie von selbst auf das potenziell Schlechte und Negative. Soll die
Aufmerksamkeit auf das Gute und Positive gelenkt werden, ist dafür eine bewusste Steuerung erforderlich, die „*gegen den Strich*" zu
gehen scheint und anstrengende Arbeit bedeutet. Auch Erlebnisse
aus Coachings geben dieser Erfahrung weitere Nahrung.
Misstrauen in Führung scheint nicht nur weit verbreitet, sondern auch
in unserer Gesellschaft als ein „*vertrautes Übel*" akzeptiert zu sein. Es
scheint, als ob Führung als etwas Böses erlebt wird, dass durch unter-
schwellige Assoziationen zur Machtergreifung der NSDAP und „*des
Führers*" konsequente Entwertung erfährt. Demnach erhält das Folgen
die Qualität von verantwortungsloser Kritiklosigkeit und vielleicht
sogar den Beigeschmack einer blauäugigen Schandtat. Erklärbar ist
dieses Phänomen mit der Logik, die in allen Lern- und Veränderungsprozessen beobachtbar ist. Wenn ein Verhalten erfolgreich verändert
wird, verhält es sich wie ein Pendel. Wurde es lange Zeit in einer ex-
tremen Position festgehalten und dann plötzlich losgelassen, schießt
es weit über das Ziel hinaus. Kulturelle Veränderungen pendeln viel
länger, als individuelle. So lässt sich vielleicht erklären, wie sich in
unserer Gesellschaft aus einem blinden Gehorsam zu Zeiten „*des
Führers*" eine Verweigerung der außerparlamentarischen Opposition
in den 1960er-Jahren entwickelt hat, die sich inzwischen durch
mehrere Jahrzehnte in eine Grundhaltung einer eher diskreten
Rebellion abgeschwächt hat.
Zugegeben ist es eine subjektive Einschätzung, für die wir keine
objektiven Belege vorweisen können. Es entspringt unserem
Erleben, dass **Führen und Folgen** in vielen deutschen Organisationen
ein sehr belastetes Thema ist. Ähnliches erleben wir mit den
Themen **Macht** und **Hierarchie**.
Besonders deutlich erlebbar wird dieses Phänomen für diejenigen,
die Führungsaufgaben im Ehrenamt wahrnehmen. Der unentgeltliche
Arbeitseinsatz des ehrenamtlichen Engagements ist losgelöst von der

Erfordernis individueller Existenzsicherung. Deshalb erfordert ehren-
amtliches Engagement einen Rahmen, der Herzblut in Wallung bringt,
damit das Engagement auch Entfaltung findet – und zwar zielgerichtet
und ergebnisorientiert. Ohne den Rahmen haben Handlungen nur
sehr begrenzte Wirkung und die eingesetzte Energie verpufft. Einen
Rahmen zu schaffen, bedeutet aber auch, Grenzen zu setzen und
festzulegen, was dazugehört, und was nicht. Das heißt auch, dass
Erwartungen frustriert werden, und Frustrationen blockieren das
Engagement. Auch und besonders im Ehrenamt wird die Spannung
der Organisation als tetradische Ereignisrelationen durch ihre
innere und äußere Konflikte ganz besonders deutlich.
Es scheint einen großen Lernbedarf zu geben, Misstrauen zu über-
winden und Vertrauen zu gewinnen. Vertrauen ist jedoch das Funda-
ment für tragfähige Beziehungen. Genau diese sind erforderlich, wenn
für Zielerreichung Zusammenarbeit erforderlich ist. Hilfreich für den
Vertrauensaufbau ist es, wenn Entscheider ihre Hand-lungen mithilfe
übergeordneter Leitbilder nachvollziehbar begründen können. Damit
entfernt sich ein Entscheider von dem Verdacht der Willkür seiner
Entscheidungen. Das wirkt sehr förderlich für den Vertrauensaufbau
zwischen Führungskraft und Geführten. Auch die Klarheit über Mission und Vision ist dann sehr hilfreich, wenn diese Aspekte im Alltag
regelmäßige Reflexion erfahren. Daraus kann eine Sogwirkung hin zu
den gesteckten Zielen entstehen. Wir ermutigen ausdrücklich dazu,
viel mehr auf Balancen zu achten und anzustreben, wie beispielsweise
mit dem balancierten Handlungsmodell beschrieben. Konsequent angewandt ist Vertrauensaufbau eine natürliche Folge. Gleiches sehen
wir durch die bewusste Grenzziehung bei der Sicherung der Mission.
Es dauert sehr lange und erfordert viel Geduld, bis sich ein tragfähiges Vertrauen zwischen Führung und Geführten entwickelt. Eine
diktatorische Führung erzeugt eher wertarme Ergebnisse. Sollen wertvolle Ergebnisse erzielt werden, ist das Engagement und Know-how
möglichst vieler Menschen erforderlich. Das zu erreichen, wird – je
nach Ausprägung der Bereitschaft zur Verantwortungsübernahme

der Mitarbeiter - durch einen integrierenden bis partizipativen
Führungsstil ermöglicht. Das integrative Management ist eine dieser
Formen, welche diese Führungsstile vereint und der Idee einer
*„Lernenden Organisation"* sehr nahe kommt. Darin sehen wir ein
zukunftsfähiges Führungsmodell.

Abschließend kommen wir nun zur Packungsbeilage mit den Hinweisen zu Risiken und Nebenwirkungen zu den Inhaltsstoffen dieses
Buches. Eine dieser wesentlichen Stoffe ist die *Symbiose.* Wenn Sie erst
einmal Ihren Blick für Symbiosen geschärft haben, werden Sie ihn nicht
mehr los. Plötzlich werden sie zahlreiche Symbiosen entdecken. Der
Vorteil ist, dass Sie entspannter mit solchen Situationen umgehen können, egal, ob als Führungskraft oder als Berater. Den *„Symbiotischen"*
wird Ihre Gelassenheit weniger gefallen, weil es sein kann, dass sie
sich gedrängt fühlen, ihre Verantwortung nun doch wahrzunehmen.
Diese Bereitschaft zur Übernahme von Verantwortung ist unverzichtbare Basis für ergebnisorientiertes Handeln, das im Sinne des Ganzen
zu Erfolgen führt. Ein wichtiges Element auf diesem Weg ist es, Symbiosen zu erkennen und, wenn möglich, auch aufzulösen. Organisationen, die Wege suchen, wie sie Wettbewerbsvorteile erreichen können, finden im integrativen Management eine mögliche Antwort. Das
Vorhandensein von Konfliktkompetenz bei den Mitarbeitern und Mediationskompetenz bei den Gestaltern sind sichere und kraftvolle Leitplanken auf dem Weg zum Erfolg. Den völligen Verzicht auf diese
Leitplanken halte ich für eine existenzbedrohliche Verschwendung.

So bleibt nun der Wunsch, dass die Inhalte dieses Buchs dazu anregen, vorhandene Formen und Ideale des Umgangs miteinander zu
reflektieren und vielleicht sogar zu hinterfragen, um Balancen zu
erzeugen. Wie auch immer die dabei erzielten Ergebnisse aussehen
werden – ein Aspekt bleibt dabei unverändert:

*Organisation ist Konflikt.*

*Die Autoren*

Professor Dr. Erich Barthel lehrt Unternehmens-
kultur und Personalführung an der Frankfurt
School of Finance & Management. Zu seinen
Themengebieten gehören vor allem Führung und
Veränderungen in Unternehmen, sowie das Messen
und Entwickeln von Kompetenzen bei Individuen
und Organisationen.

Dr. **Karl Kreuser** ist geschäftsführender Gesellschafter der Beratergruppe SOKRATeam. Seine Arbeits-
schwerpunkte sind die Beratung und Begleitung von
Projekten zu Talent-, Potenzial- und Kompetenz-
management sowie zu retention management.
Neben organisationsspezifischen Konzepten erar-
beitet er Lernarchitekturen zu selbstorganisierter
Kompetenzentwicklung. Zudem arbeitet er als Mediator und
systemischer Strukturaufsteller für wirtschaftende, öffentliche und
soziale Organisationen und Familienunternehmen.

**Thomas Robrecht** ist Gesellschafter der Beratergruppe SOKRATeam und Vorstandsvorsitzender
im Bundesverband Mediation. Dort ist er verantwortlich für den Organisationsentwicklungs-
prozess. Er ist Mediator und Ausbilder für
Mediation. Schwerpunkt seiner Arbeit ist die
Entwicklung von zukunftsfähigen Organisationskulturen mit Wertebewusstheit in Management und Führung. Zu
seinen Tätigkeiten gehört die Begleitung der Entwicklung von
Führungskräften in Seminaren, Workshops und Coachings sowie
Mediationen in Organisationen zwischen Einzelpersonen, Teams
und Organisationseinheiten.

201

## Literatur

Barnard, Chester Irving (1938/1968). *The Functions of the Executive, Harvard University Press, Cambridge*

Barthel, Erich (2012). *Mediation und Innovation – die Führungskraft und die Aufhebung von Widersprüchen. In: Kreuser, Karl und Heyse, Volker und Robrecht, Thomas (Hrsg). Mediationskompetenz, Münster*

Bauer-Mehren, Renata (2010). *Abschied und Trauerarbeit. In: Kreuser, Karl und Robrecht, Thomas (Hrsg). Führung und Erfolg, Wiesbaden*

Bennis, W. (1994). *Schlüsselstrategien erfolgreichen Führens. Düsseldorf*

Blanchard, Kenneth und Zigarmi, Patricia und Zigarmi, Drea (1995): *Der Minuten Manager – Führungsstile. Hamburg*

De Shazer, Steve und Dolan, Yvonne M. (2008). *Mehr als ein Wunder, Heidelberg*

Drucker, Peter (1956, 1970, 1998). *Die Praxis des Managements, Düsseldorf*

Fry, Nick, Killing, Peter (2000). *Strategic Analysis and Action, London*

Glasl, Friedrich (1997). *Konfliktmanagement, Bern*

Glasl, Friedrich und Lievegoed, Bernard (2004). *Dynamische Unternehmensentwicklung, Bern*

Günther, Gotthard (1980: 22–88). *Identität, Gegenidentität und Negativsprache. Hegeljahrbücher 1979, Berlin*

Härlin, Angelika (2010). *Feedback und Kommunikation als Führungsmittel. In: Kreuser, Karl und Robrecht, Thomas (Hrsg). Führung und Erfolg, Wiesbaden*

Haken, Hermann (2003). *Die Selbstorganisation komplexer Systeme, Wien*

Hansch, Dietmar (2009). *Erfolgsprinzip Persönlichkeit, Heidelberg*

Helwig, Paul (1965). *Charakterologie, Stuttgart*

Henke, Sabine (2012). *Konflikte kosten Geld. Und noch viel mehr…. In: Kreuser, Karl und Heyse, Volker und Robrecht, Thomas. Mediationskompetenz, Münster*

Heyse, Volker und Erpenbeck, John (1997). *Der Sprung über die Kompetenzbarriere, Bielefeld*

Jokisch, Rodrigo (1996). *Logik der Distinktionen, Opladen*

Kerntke, Wilfried (2004). *Mediation als Organisationsentwicklung, Bern*

Kreuser, Karl, Robrecht, Thomas (2008). *Mit Partnern gewinnen, Kühbach*

Kreuser, Karl, Robrecht, Thomas (2010a). *Führung und Erfolg, Wiesbaden*

Kreuser, Karl (2010b). *Tolerieren, Unterscheiden, Verändern!, Heidelberg*

*Kreuser, Karl und Heyse, Volker und Robrecht, Thomas (2012a).*
*Mediationskompetenz, Münster*
*Kreuser, Karl; Robrecht, Thomas; Erpenbeck, John (2012b). Konfliktkompetenz,*
*Heidelberg*
*Kotter, J. P. (2001). What leaders really do. Harvard Business Review*
*Kruse, Peter (2004). Erfolgreiches Management von Instabilität, Offenbach*
*Luhmann Niklas (2006). Organisation und Entscheidung, Wiesbaden*
*Malik, Fredmund (2000). Führen, Leisten, Leben, Stuttgart*
*Neidhardt, Friedhelm (1980/1994). Das innere System „sozialer Gruppen" und*
*ihr Außenbezug. In: Schäfers, Bernhard; Einführung in die*
*Gruppensoziologie, Heidelberg*
*Nink, Marco (2011). Engagement Index Deutschland 2010 - Gallup-Studie.*
*Berlin*
*Reis, Jack (1997). Ambiguitätstoleranz. Beiträge zur Entwicklung eines*
*Persönlichkeitskonstrukts. Heidelberg*
*Rosenberg, Marshall (2001). Gewaltfreie Kommunikation, Paderborn*
*Schulz von Thun, Friedemann (1998). Miteinander Reden, Reinbek*
*Seiwert, Lothar (2010). Zeitmanagement, Offenbach*
*Simon Fritz B. (2007). Einführung in die systemische Organisationstheorie,*
*Heidelberg*
*Spencer Brown, George (1969/1997). Laws of form, Lübeck*
*Ross, Richard (1996). Die Abstraktionsleiter. In: Senge, Peter und Kleiner, Art*
*und Smith, Bryan und Roberts, Charlotte und Ross, Richard (1996). Das*
*Fieldbook zur Fünften Disziplin, Stuttgart*
*Thomann, Christoph (1998) Klärungshilfe, Reinbek*
*Thomann, Christoph und Prior, Christian ( 2007) Klärungshilfe 3, Reinbek*
*von Ameln, Falko und Kramer, Josef (2007). Organisationen in Bewegung*
*bringen, Berlin*
*Varga von Kibéd, Matthias (2000/2009). Ganz im Gegenteil, Heidelberg*
*Watzlawick, Paul (1983). Anleitung zum Unglücklichsein, München*
*Weber, Max (1922). Wirtschaft und Gesellschaft, Tübingen*
*Weick Karl E. (1985/1995). Der Prozess des Organisierens, Frankfurt*

## Abbildungsverzeichnis